あなたに**ゴリラ**を処方します。

悩みがちょっと軽くなる

動物の読薬

著 新宅広二
絵 きのしたちひろ

エムディエヌコーポレーション

はじめに

人類は知能が高くなり、考えすぎて、いろいろなものにストレスを感じる動物になりました。なんだか繊細そうに聞こえますが、野生動物はちょっと環境が変わっただけで、アッと言う間に死んでしまうものも多いので、そう考えると人間は意外とストレスに強い動物なのかもしれません。なかにはストレスやプレッシャーが、人を大きく育てることもあるでしょう。

野生動物たちも、毎日を生き抜く上ではストレスやプレッシャーの連続です。明日の食べ物はあるかな……、急に天敵が襲ってこないかな……、古傷が痛いな……、このまま雨が止まないと死んでしまうかも……。ひょっとすると、こんなことを考えているのではないでしょうか?

本書では、人間が抱えているであろう誰にも言えない悩みに対して、「ところで動物たちはどうしているんだろう?」という観点から、処方箋に例えて生態を紹介しています。私が大学教員や動物園職員をしていたときの研究や、動物園職員時代の日々のエピソードであったり、私が訪れた世界中の

はじめに

フィールドワークから得られた、私なりの雑多な動物観を元に、勝手に〝お薬〟の調合をしております。この〝動物処方箋〟が今本を手にしているあなたに効くかどうかはわかりません。もし効かなかったとしてもヤブ医者上等（？）です。……つまりは、動物の図鑑のスペックや研究論文のようなものからでは伝わりにくい動物像を、多少のおふざけを交えながら書き記したものなのです。新手の動物エッセイとも言えるかもしれません。そして私が動物と向き合う上で「おもしろい！」と感じる思う部分は日々変化しているので、たとえ同じ本をもう一回書いてくださいと言われても、まったく違うものになるでしょう。

本書の執筆時は、世界史に残るような感染症の流行、戦争、陰惨な事件、腐敗した政治などが蔓延する暗い時代でした。そういったストレスフルな時代に、おふざけでユーモアを交えた〝読む薬（プラセボ）〟として、どこかの誰かに少しでも楽しい時間を提供できたと妄想して、一人ほくそ笑んでおります。

令和5年　梅雨　新宅広二

目次

chapter 1 小さな悩み

chapter 2 容姿・性格の悩み

chapter 3 仕事の悩み

chapter 4 家庭の悩み

chapter 5 恋愛・子育ての悩み

chapter 6 教育の悩み

chapter 7 性の悩み

chapter 8 老いと死の悩み

小さな悩み

音痴なのが悩みです。

（19歳・男性）

おくすり手帳

ウグイス *Horornis diphone*

美しい声で鳴く日本三鳴鳥のひとつ。日本各地に生息し、春になるとオスが『ホーホケキョ』と鳴くことで、多くの日本人に愛される。

ひそかに練習するプロ動物をどうぞ！

ウグイスはスズメ目ウグイス科の鳥で、スズメ目は鳥類の半分以上が属する巨大グループです。何と言ってもこのグループの特長は、さえずるための鳴管が発達してい て、歌自慢の小鳥たちが集うこと。鳥たちは鳴き声のコミュニケーションとして、「チッ、チッ」という鋭く短い警戒音を出す〝地鳴き〟と、音階を持つ長い歌のような〝さえずり〟を使い分けています。さえずりは主にオスが使う鳴き声で、繁殖期になわばりを主張してライバルを挑発する歌によるフリースタイル・バトルのようなもの。結果としてそれがメスへの求愛にもなります。歌の声量、表現力の美しさの審判員はメスなのです。地鳴きはどの鳥も同じような音ですが、さえずりは種ごとに独特のフレーズを使います。

ウグイスは、オオルリ、コマドリとならんで日本三鳴鳥と呼ばれる最高峰のシンガー。しかし彼らも、いきなり「ホーホケキョ」と鳴けるわけではなく、歌いはじめの早春は「ホー」で終わったり、「ホーホケ……」など自信なさげに歌います。ところがライバルが現れると練習量が急増し、1日に1000回さえずることもあり、だんだん上手に洗練されて、キレのある「ホーホケキョ」となります。

追加の処方箋

鳥のさえずりには、本能的に決まったフレーズを持つもの、学習で完成するものなどがあります。インコ類などはさえずりよりもさらに効果が大きい学習によるモノマネを使って、親和的な気持ちや気分を伝えようとします。

食べ物の好き嫌いが多くて……。

（17歳・女性）

では、処方箋は

ハゲワシ

になります！

おくすり手帳

ハゲワシ Aegypiinae

アフリカ大陸、ユーラシア大陸の旧世界や南北アメリカ大陸の新世界に生息する大型の死肉食の猛禽類。〝掃除屋〟に例えられる。

生態系を支える偏食王をどうぞ！

フードロスはいけませんね！　動物を見習いましょう!!　と言いたいところですが、動物たちをよく見ると、好き嫌いや食い散らかすことも多いですし、ライオンやクマは空腹でなくても、ムシの居所が悪いだけで（遊びで？）獲物を殺し、口をつけないことすらあります。まぁ、これらは見なかったことにしておきましょう……。

さて、最も対フードロスの鑑になりそうなのは、死肉や残飯をあさるハゲワシでしょう。彼らは食に対して卑しく下品な行動の例えにもよく使われ、悪役のイメージが強い印象ですよね。

しかし、実像は真逆です。ハゲワシ類は好きな部位の選り好みが激しい鳥です。また強い消化液を持つとはいえ、腐った肉は食べません。複数のハゲワシの種類が共存するアフリカのサバンナでは、種類によって内臓を食べるもの、筋肉を食べるもの、骨を食べるものなどが分業されていて、ケンカすることなく、お行儀良く順番を待って食事をします。

賢く、愛情深く、種間の社会性もあることが、近年の研究で明らかになってきました。彼らは狩りをしませんが、死体の腐敗で死病が蔓延することを未然に防いでくれる、生態系の大事な専門胃（医）なのです。

追加の処方箋

ハゲワシのハゲは、オスのファッションではありません。メスもハゲていて、これは食事の際に内臓に頭を突っ込み、付着した血液から菌が感染するのを予防するため。ハゲた頭部は日光消毒しやすく、ハゲワシはきれい好きなのです。

爪を噛むクセが治らない。（21歳・男性）

では、処方箋は

トラ

になります！

おくすり手帳

トラ *Panthera tigris*

　アジアに生息する現生最大最強の肉食動物。ライオンと互角のスペックだが、単独で狩りをするので爪のお手入れは欠かさない。

最恐のネイルアーティスト動物をどうぞ！

爪には平爪、蹄、鉤爪の３種類があります。平爪は薄くて平たい形をしている爪で、ヒトを含む霊長類など樹上生活を祖先に持つグループが、枝や物をつかみやすい構造になっています。蹄は四足歩行の草食動物が備えるぶ厚く硬い爪で、走るためのもの。接地面積を少なくして一点に加重できるため、爆発的なスタートダッシュの加速力を生み出すことができる構造になっています。最後の鉤爪は、肉食動物の持つ狩り用の武器として使われます。先端が尖り、巻いていて、引っ掻いたり、突き刺したりするためのものです。

平爪や蹄は、野生の動物であれば、生活のなかで自然に研がれて伸びすぎることはありませんが、鉤爪は厄介です。狩りの成功率に関わるので、常に鋭い状態を保ちたいのですが、狩りのチャンスはそうそうあるわけではないので、爪の成長の方が早く、伸びすぎになることが頻繁にあります。そのため、爪を研いで調整しなくてはなりません。そこで、鉤爪を持つ肉食動物は樹皮などに引っかけて爪をゴリゴリ研ぎます。トラやクマなどは、爪のチューニングだけでなく、わざと目立つところで爪研ぎをして、自分の存在をアピールします。

追加の処方箋

サイの角も爪と同じ成分なので、成長します。そこでサイは角を岩などにこすり、自分で研いで好みの形に調整します。サイの角は秘薬と盲信され、その密猟で絶滅に瀕していますが、実はそれらの主成分は人間の爪と同じなのです。

寝相が悪いんですけど…。（33歳・女性）

では、処方箋は

ジャイアントパンダ

になります！

おくすり手帳

ジャイアントパンダ *Ailuropoda melanoleuca*

現在は中国の一部にのみ生息する珍獣王。元来肉食動物であったが、エサの確保が楽な草食に只今絶賛進化中。消化のためによく寝る。

寝姿を進化させた動物をどうぞ!

動物の寝方は、その社会構造や生息環境と関係があります。多くの動物にとって決まった巣を使うのは繁殖期に限られる行動ですが、巣以外でもお気に入りの場所はあります。例えばハダカデバネズミのように、トイレ・寝室・寄りそって体温で温めてくれるふとん係付きの地下要塞のような豪邸で寝る動物もいれば、サル類のように巣を持たず、天敵に場所を知られたり、1ヶ所の食料を食べつくさないように、同じ場所では寝ない動物もいます。キリンやゾウなどの大型草食動物は、起き上がるのに時間がかかり、エネルギーも消費するため、多くはすぐ危険から逃げられるように立ったまま寝ます。

そもそも、人間のようにスイッチが切れて、仮死状態が毎日数時間続くような寝方をする動物の方が珍しく、多くの動物は短く寝たり起きたりする浅い眠りのサイクルをくり返しています。さて、ジャイアントパンダのユニークな点は、クマ類でありながら天敵やライバルのいない4000メートル級の高山を生活の場に選んだことです。そこは過酷な環境ですが、安全は担保されています。よって、襲われたときに致命傷になり得る、最も守らなくてはいけないおなかを丸出しにして寝る進化に成功したわけです。

追加の処方箋

海中で隠れる場所がない哺乳類のイルカやクジラは、魚類と同じく半球睡眠という常に左右のどちらかの脳が半分覚醒した状態の寝方をします。右脳が寝ているときは左眼をつぶっていることが、水族館で観察できます。

口臭がヒドくて悩んでいます。（55歳・男性）

では、処方箋は

ペンギン

になります！

おくすり手帳

ペンギン Sphenisciformes

南半球にのみ生息する、飛ぶことをやめた鳥。昆虫などに比べて海の魚は１年中エサとして入手可能なため、魚の専食に進化した。

口臭を気にしない動物をどうぞ！

動物の口臭には様々なものがあります。まず形態的な理由として、例えばイヌなどの口から胃までつながる食道が短かったり直線的な動物は、胃のニオイが口から漏れやすい構造になっています。ちなみに動物は口腔、肺、気管などの構造上、「ふぅ～」と息をコントロールして吹きかけることができません。よって、動物にクサい息を吹きかけるイタズラをされることはないでしょう。この構造は言語の発話能力とも関係してきます。仮に動物は言語を多少理解したとしても、しゃべるような複雑な音を作り出すことができず、うなり声や叫び声のようなものしか出すことができません。だからチンパンジーは風船をふくらませたり、誕生日ケーキのロウソクを吹き消したりはできないのです。

さて、もうひとつのニオイの要素は食性です。魚だけを食べる動物は、必然的に息が生臭い魚のニオイになります。よって、かわいいキャラクターにも選ばれるペンギンやアシカも、息のクサさはなかなかのもの……。しかし、彼らは水族館の人気者。スターの知られたくない秘密はそっとしておいてあげましょう。

追加の処方箋

人間にとって最も危険な息を吐く動物はウシでしょう。消化器系が最も進化している反芻動物のウシは胃を4つ持っており、効率よくエネルギー交換ができますが、ゲップは高濃度のメタンを含んでいます。

整理整頓ができません。

（23歳・女性）

では、処方箋は

リス

になります！

おくすり手帳

リス Sciuridae

樹上棲のリスは、運動性能と３次元の空間認知能力が高い。さらに危険な場所や季節ごとのエサの把握や利用に優れている。

整理整頓を志す動物をどうぞ！

リスはネズミの仲間（齧歯目）で、世界にリス科は300種弱います。モグラのような地中生活をしているプレーリードッグなどは、地面にいるリスということで、地リスと呼ばれます。また空を滑空するムササビやモモンガも、リスの仲間。リス科はユニークなグループなのです。多くは小型の樹上棲で、フサフサした長い尾を持っているので、ネズミと見間違うことはないでしょう。この尾は、バランスを取ったり、からだに巻き付けて保温に使ったりします。

日本ではニホンリス、エゾリス、シマリスなどが有名でしょう。季節変化の大きい地域に生息するリスは、常に計画的に生活しています。特に冬眠しない小動物にとって、厳しい冬はエサの確保が難しい季節です。そのため、冬に備えてドングリなどの木の実をせっせと巣のある木の洞に貯め込みます。巣に収まらないものは、土に埋めたり、木の葉の下に隠したりする貯蔵行動をとります。またドングリを頬袋に詰めるときには、手の上で回転させてキレイにしてから口に入れる几帳面ぶりです。

しかしながら断捨離ができない性格の動物なので、貯蔵餌は溜まる一方で、巣外のものの多くは放置されたままになります。

追加の処方箋

リスの貯蔵行動で忘れ去られたドングリが芽吹いて、森を作ると言われています。しかしブナの木なら、生長して結実するまでに50～60年を要し、その後も5～10年に1度しか実を付けません。寿命が5年ほどのリスのメリットやいかに……？

方向音痴で、すぐ道に迷います。

（27歳・女性）

では、処方箋は

アザラシ

になります！

ここは…？

おくすり手帳

アザラシ　Phocidae

少なくとも2000万年以上前にカワウソのようなイタチの仲間から分かれて進化した哺乳類。魚介類が主食で、寒冷地にも適応。人懐っこい。

冒険という名の迷子王をどうぞ!

動物の長距離移動は、謎とロマンに満ちあふれています。日本に飛来するカモなどの渡り鳥は、数千キロ先のシベリア方面から、婚活のためにはるばる日本へやって来ます。渡りのルートの調査も難しく、GPSなどのハイテク機器を使った最新の研究で少しずつ解明されてきてはいますが、まだまだ未解明な部分が多く残されています。あの小さな身体で毎年同じ場所に迷わず正確に来ることができるのはなぜでしょう?夜は星座の位置を見て飛んでいるとか、地磁気を感じているとか、目印を覚えているとか、諸説ありますが、「ちょっとそこまで」というような距離ではないので、そう簡単にはいかないでしょう。実験で証明できることが少ないので、動物行動学のなかでも未だ解明されない謎のひとつです。季節性の大移動ではなく、どちらかというとおっちょこちょいの類と思われる迷子は、アザラシに多いようです。日本でも本来の生息地ではない都会の海や河川にひょっこり現れ、地元で人気者になることがあります。世界で唯一淡水に生息するバイカルアザラシも、北極海のアザラシが迷子になり、河川をたどってバイカル湖にたどり着いて独自進化したと考えられています。

追加の処方箋

たまに東京のような大都会にニホンザルが出没する騒ぎがあります。4歳くらいの年頃の若いオスが、近親交配を避けるために他の群れに移籍する旅に出て、途中で迷子になり、都会に迷い込んでしまうことがあるようです。

後先を考えないって叱られます。（28歳・男性）

では、処方箋は

ラーテル

になります！

おくすり手帳

ラーテル *Mellivora capensis*

和名はミツアナグマ。肉食のイタチ科らしく食の幅は広いが、和名の通り蜂蜜が大好物のスイーツ好きの猛獣。体色はスカンクと同じ警告色。

オラオラ系おっちょこちょい動物をどうぞ！

ラーテルは、アフリカからインドあたりの乾燥地帯に生息する大型のイタチ科動物です。「世界一の怖い物知らずの動物」としてギネスブックに登録されたとか、されていないとか……。気性が荒く、ライオンやハイエナ、アフリカスイギュウなど自分より大きい猛獣に立ち向かったり、猛毒を持つコブラにさえ襲いかかります。アフリカミツバチの猛攻にもかかわらず、ハチミツを貪り食うのです。

ただし〝世界一怖い物知らず〟と言われているだけで、〝世界一強い〟とは限りません。実はラーテルは、後先考えずにイキって絡んでくるだけ。その意表を突いた先制攻撃としつこさに〝オトナ〟のライオンは呆れて、面倒くさそうに渋々その場を立ち去るのです。もしライオンのムシの居所が悪ければ、小さなラーテルは秒殺されてしまいます。ハチミツ欲しさに、一心不乱にハチの巣に突っ込んではいきますが、いつも刺されまくり。コブラの毒の耐性があるとはいえ、威嚇してくるコブラを煽って咬まれると、半日近く重篤な状態が続きます。勝負にはメンタルが大事とはいえ、返り討ちにあうリスクが高すぎます。学習することなく、常に強気で運任せの勝負に挑む動物なのです。

追加の処方箋

ラーテルは動物界一のケンカっ早い気性の荒さの肉食動物ですが、一方で無類の甘党でもあります。いわば、大のスイーツ好きヤンキー。ハチの幼虫を専食するミツオシエという小鳥に巣のありかを導いてもらい、巣を壊してハチミツを貪ります。

将来、大物になりたい。（14歳・男性）

おくすり手帳

カンガルー　Macropodidae

主にオーストラリア地域に生息する草食動物。オーストラリアは他の大陸と長らく接点がなかったため、有袋類として独自の進化をとげる。

成長率ナンバーワンの巨大化動物をどうぞ！

私たち人間は体重3キロほどで産まれ、多くは50〜70キロくらいに成長します。つまり赤ちゃんから約20倍大きくなるわけです。ちなみにゴリラは体重2キロで産まれますが、オトナのオスは200キロを超えるものもいて、人間より小さく産まれ大きく育つ霊長類です。地球の歴史上、最大の生物はシロナガスクジラで、体長7メートル、体重3トンで産まれ、授乳期には毎日600リットルの母乳を飲み、1時間で4キロ、1日にすると90キロずつ成長し、体長25メートル、体重180トンまで大きく成長します。これほど大きな動物を一撃で即死させることができる天敵はいません。海のギャングと言われるシャチも、ヒレで叩かれれば即死です。

もっと〝大物〟に成り上がる動物もいます。オーストラリア大陸に生息するアカカンガルーです。現生の有袋類では最大種で、オスは100キロにまで成長します。ところがアカカンガルーの赤ちゃんは、体重1グラムで産まれてくるのです。つまり、産まれてから10万倍に成長するのです！　史上最大動物シロナガスクジラですら60倍程度なので、10万倍というのはいかに桁外れな成長率なのか、十分おわかりいただけるでしょう。

追加の処方箋

逆に〝小物〟哺乳類は何でしょうか。世界最小哺乳類は、日本が世界に誇るトウキョウトガリネズミで、その体重は成獣でも2グラムもありません。名に反して北海道にのみ生息し、ネズミとはまったく遠縁で、世界最小の肉食動物です。

何のとりえもないんです……。

（20歳・男性）

では、処方箋は

ダンゴムシ

になります！

おくすり手帳

ダンゴムシ Armadillidiidae

身近にいる種はオカダンゴムシで、体節は 14 で構成され、胸部に 7 対の歩脚がある。メスには斑点模様があり、育児嚢で育てる。

非暴力・不服従で魅力を磨いた動物をどうぞ！

肉食動物は、狩りが上手にできないと死活問題になるので、俊敏性を発揮する洗練された筋肉や骨格を持ち、捕まえた獲物を逃がさないようにするための牙や爪などを獲得しています。一方、草食動物は襲われてもすぐに逃げられるように、気配や微かな音をいち早く察知できるような視覚や聴覚を備え、追いつかれないような加速力を生み出す脚を持っています。自分が襲われないようにする方法は、速さだけではありません。表面を硬くして歯が立たないようにしたり、棘をつけて飲み込みにくくしたりできれば、逃げまわるエネルギーを使わずに、天敵を諦めさせることができます。不味い味や毒をまとうことができればさらに効果的でしょう。

ダンゴムシは、3億年前の海からはじめて上陸した最初期の陸上動物の等脚類の仲間です。陸上動物の大先輩で、まさに〝生きた化石〟です。彼らは落ち葉などを食べて分解し、良質の土を作る、生態系に欠かせない存在でもあります。狩りなどの殺生をせず、咬んだり棘や針で天敵を刺すこともなく、毒も持ちません。イタズラされても、襲われても、威嚇や抵抗することもなく、ただ丸まるだけ……。非暴力・不服従行動の地球にやさしい動物なのです。

追加の処方箋

ダンゴムシは、他の生物を攻撃したりせず、見た目も丸くて尖った部分がない生き物です。ところが、唯一、角張った部分があります。それは……うんち！　まん丸のダンゴムシですが、うんちは四角いのです。

ゴリラに栄養ドリンク

「動物園の動物はかわいそう……」。そういう意見をときどき耳にします。その理由は「自由がないから」というもので、彼らを囲む檻が刑務所の囚人を連想させるのでしょう。しかしながら、動物園の檻の本当の役割は逆です。動物が逃げないようにしているのではなく、人間が近寄って来られないことを動物にアピールする役割が大きいのです。四六時中観客にジロジロ見られても彼らが展示場でゆっくり寝ていられるのは、人間や他の動物が入れない彼らの〝聖域〟を作る、つまり檻で遮断することで、心理的な不安を取りのぞいてあげられているからです。仮に不測の事態が起こり、動物が興味本位で飼育スペースから出てしまっても、自分の生まれ育った〝家〟が落ち着くので、外でパニックにならない限り、結局は必ず戻ってきます。彼らは自分たちが知らない場所の方が不安になるのです。

さて、動物園でも第1級に飼育が難しい動物がゴリラです。ヒトに近い彼らは知能が高いため、ストレス持ちで、同居ゴリラとのちょっとした相性などで食が細くなってしまうこともあります。そんな元気のないゴリラには、人間用の市販の栄養ドリンクを与えることも。ファイト一発！

容姿・性格の悩み

背が低いのがコンプレックスです。（24歳 男性）

では、処方箋は

ゴリラ

になります！

おくすり手帳

ゴリラ Gorilla

アフリカ西部と東部の局所に生息する。チンパンジーと同等に知能が高く、繊細な大型類人猿。単雄複雌群を作り、完全なベジタリアン。

モテたい精神を極めた動物をどうぞ!

ゴリラは霊長類最大の動物で、体重200キロを超えるオスもいて、キングコングなど最強のマッチョ・モンスターのモデルとして描かれがちですが、実際には動物界ナンバーワンの精細で傷つきやすいメンタルを持った動物です。威嚇で有名なドラミングも、相手を傷つけたくないがために、自傷行為的に自分を叩いているのです。

ハーレム型の社会構造のゴリラは、1頭の繁殖オスに数頭のメスとその子供が群れの構成メンバーとなります。そうすると、必然的に結婚できないオスが大量に出てしまいます。その結果オス同士が慰め合う繊細さが表出します。

実は、オスはモテるために、こっそりと様々な自分磨きをしていることが観察されています。まずゴリラのオスがコンプレックスに感じたのは身長です。ライバルやメスの前でカッコいいところを見せるために、立ち上がって体を大きく見せます。ゴリラの知られざる努力は、伸長を少しでも高く見せるために、頭頂部に数センチの脂肪を盛っていることです。ゴリラのオスの頭が尖って見えるのはそのせいです。頭のてっぺんに脂肪を置くことにそれ以外の意味はないので、見栄えを気にするがゆえの進化と考えられています。

追加の処方箋

ゴリラのオスはライオン並みの牙（犬歯）を持っていますが、肉は一切口にしない生粋の草食系男子。この巨大な牙は極端に歯根が短いため、ケンカでぶたれると簡単に抜けてしまう〝なんちゃって犬歯〟です。

ファッションセンスを磨きたい。（24歳・男性）

では、処方箋は

カンザシフウチョウ

になります！

おくすり手帳

カンザシフウチョウ *Parotia sefilata*

極楽鳥の呼び名でも知られているフウチョウ科の鳥は、雌雄の姿や行動が異なり、ユニークな求愛ダンスをすることで知られている。

究極の〝黒〟を着こなす動物をどうぞ！

動物は人間のように服を着ませんが、体毛や羽毛、鱗、甲殻などはそれに当たるでしょう。これらには身体をキズから守ったり、保護色にしてカムフラージュしたり、恒温動物なら保温したりする機能もあります。視覚をコミュニケーションに使う動物であれば、表面の色や形を大きく変化させるものも現れます。

なかでも霊長類や鳥類は色や形を識別する能力が特に優れているため、ユニークな進化をしてきました。多くの動物が、忍びの狩りの成功率を上げるためや、逆に捕食されないように自らの存在を隠蔽するために、機能的な体色になるのです。ところがサルや小鳥の仲間では、あえて目立つ色や形を利用するものも現れました。小鳥のオスはメスに求愛するときに〝目立つ〟、すなわち天敵に見つかりやすい数々の危険を乗り越えてきた〝漢〟をアピールするようになったのです。派手な求愛ダンスや邪魔な飾り羽や長い尾羽も、同じ理由のマッチョ思想の進化です。

ニューギニアの森に生息するスズメ目フウチョウ科のオナガカンザシフウチョウのオスは、黒色の羽毛をおしゃれに着こなしています。しかも並の黒ではなく、光を99・95％吸収する究極の超黒素材という徹底ぶりです。

追加の処方箋

実はヒョウとクロヒョウは生物学的には同じ動物で、突然変異で体色が黒化したものがクロヒョウで、ヒョウ全体の１１％の割合で生まれます。その他、クロジャガーやクロサーバルなどもおり、まれにクロトラも現れます。

ヘアスタイルが決まらない。（28歳・女性）

では、処方箋は

カニクイザル

になります！

おくすり手帳

カニクイザル *Macaca fascicularis*

東南アジアに生息するニホンザルと同じマカク類。学名*Macaca fascicularis*の種小名の意味は「房状」で、独特の髪型が由来となる。

ワンポイントのオシャレ動物をどうぞ！

霊長類は、大別するならば草食動物のグループになります。よって、本来は猛獣に襲われる立場になりますが、樹上棲由来の機動力や、何より社会性動物の群れ生活ということで、意外と天敵に襲われる確率が低いグループと言えます。それゆえ、〝隠れる〟という機能ではなく、〝オシャレする〟という美的センス重視の進化をする余裕ができた動物なのです。ワタボウシタマリンのようにパンクな髪型や、おしゃれなトーク帽（つばのない婦人帽）を持つトクモンキーなど、種ごとに趣向を凝らしたヘアスタイルをしているのがサルの仲間です。群れで生活するタイプのサルは、何かとアイコンタクトなどで意思や感情を伝える機会が多く、視界に入りやすい頭部の毛を派手にして、コミュニケーションやライバルとの差を付けるアイテムとして進化してきたのでしょう。グルーミングでの手入れも怠りません。東南アジアのカニクイザルは、オシャレだけではなく、そのヘアスタイルのおかげで人間から大切にされています。〝ベッカム・ヘア〟のように頭頂部の毛を立てるのですが、それが仏に手を合わせて拝んでいる形に見えるので、仏教国ではカニクイザルが町で少々イタズラしても寛容にみてもらえます。

追加の処方箋

ハリネズミでは、頭部から背中側の硬い針状の毛が防衛行動に使われますが、リーゼントヘアーの人がポマードを塗りつけるように、唾液を毛（針）につけるアンティングという行動をします。この行動の意味は謎です。

実は、薄毛なんです……。

（35歳・男性）

では、処方箋は

ラッコ

になります！

おくすり手帳

ラッコ *Enhydra lutris*

　海獣類としては小型の部類だが、体長は最大130センチになる。グルーミングしやすいように手の指は短く退化し、肉球で毛づくろいをする。

〝スマイル0円〟動物をどうぞ！

ヒトの〝笑い〟の行動は、進化的にも際立ってユニークなもので、『種の起源』のダーウィンも人間の〝笑い〟に着目していたほどです。その起源は、サル（真猿類）に見られる困ったようなハの字眉毛で引きつって歯を見せる〝グリマス〟という表情。これは劣位個体が優位個体に対して敵意がないことや降参を大げさに表現する行動です。ヒトを含めた真猿類は顔の表面の毛をなくすことで、こういった表情を相手にはっきりと見せ、情報量の多い繊細なコミュニケーションを可能にしています。遊びの誘いかけでは口を丸く開ける表情（プレイ・フェイス）をしたり、脇腹をくすぐると笑い声のような微かな音を発したりします。ところが大人になるにつれて、こういった行動がサルでは消失していきます。

霊長類以外では、よく「イヌが笑う」と言われることがありますが、あれは形態上、口角の向きが人間が認識する〝笑っている表情〟に相似しているためで、動物心理として笑っているものではありません。この究極版が、オーストラリアのクアッカワラビーです。写真の撮り方によっては、たとえ威嚇していてもニコニコ顔で、ご機嫌な動物に見えます。

追加の処方箋

イヌに比べて、ネコは何を考えているかわからないという人が多いでしょう。彼らは単独性なので、表情であまり仲間とコミュニケーションを取らないのと、表情を作る筋肉も少ないのが、あのツンデレ感の理由です。

怒ると手が出てしまいます。

（男性・10歳）

では、処方箋は

ライオン

になります！

おくすり手帳

ライオン *Panthera leo*

現在はアフリカとインドの一部に生息。性成熟はオスで４～６年、メスで３年ほどで、寿命は15年前後。基本は単雄複雌群を作る。

百獣の〝てやんでい〟王をどうぞ！

動物には弱いくせに怒りん坊なものと、強いくせに怒りん坊なものがいます。世間では何事もギラギラしていない人のことを〝草食系〟と言ったりしますが、実際の草食動物はかなり怒りん坊で、性欲も絶倫です。いつもピリピリしてスキを見せず、考える間を与えずに先制攻撃する戦術がなかなか有効で、肉食動物と対等にわたりあってこられました。一方、肉食動物はムダな狩りや戦いを避ける傾向が強い印象です。オオカミのような社会性動物の場合、狩りが難航しそうと判断すれば、早々に諦めて撤退します。群れ内のイザコザが起こりそうな不穏な空気には、さっさと形式的に謝って許しを乞うたりして、不満の八つ当たりなどは草食動物ほど根深くありません。

　そうは言っても肉食動物の気性の荒さはあなどれません。トラとライオンは、体格や攻撃のためのスペックはほぼ同じですが、性格がまるで異なります。ネコ科で唯一群れを作るということも影響しますが、ライオンのオスは、軽いケンカでもムキになり、相手の急所を確実に攻撃します。トレードマークでもあるタテガミは急所の首を守るのに役立つのです。タテガミのない我々人間は、手を出してはいけません。

追加の処方箋

気性の荒さではクマも負けていません。オスは空腹でなくても、ムシの居所が悪いだけで、動物や人を襲うことがあります。繁殖期には、自分の思い通りにいかない焦らすメスにキレて、惨殺することも……。

友だちが少ないです。

（19歳・女性）

では、処方箋は

キタシロサイ

になります！

おくすり手帳

シロサイ *Ceratotherium simum*

アフリカに生息する現生のサイ科最大種。動物園の主なサイは本種。亜種にミナミシロサイとキタシロサイがいるが、見分けるのは難しい。

友だちづくりが絶望的な動物をどうぞ！

動物社会の場合、〝パートナー〟にはいろいろなものがあります。結婚相手のパートナー、狩りのパートナー、遊びのパートナー、保育のパートナーなどが決まっています。動物に〝友だち〟という概念があるかは謎ですが、群れで生活する動物であれば、仕事（狩りなど）や遊びのなかで、相性の良い気の合う特定の仲間はいます。それは恋人や家族ではないので、私たちの言う〝友だち〟に近い関係かもしれません。

ニホンザルの群れを観察していると、派閥やママ友を作りたがるものと、そういったものに入りたがらないものがいることがわかります。この違いによって、エサにありつけないとか、結婚相手が見つからないとか、生存率など、生涯で損得があるようには見えません。おそらく性格の違いで説明できることでしょう。

動物の多くが群れを作らず、孤独で生涯の大半を過ごすので、友だち作りとは無縁です。アフリカのキタシロサイは、2018年に地球最後のオスが死んだので、地球上にはメスが2頭のみになってしまいました。それも死んだオスの娘と孫なので、友だちを増やすどころか、恋人も家族も作ることができない運命の2頭なのです。

追加の処方箋

ニホンザルやチンパンジーは、子供同士の遊び相手が決まっています。これは母親のママ友同士の仲の良さで決まるものです。子供の遊び仲間は、大人になっても関係が続き連合となり、強い派閥を形成していきます。

怖がりで、ストレスが多いです。（32歳・男性）

では、処方箋は

ゴンドウクジラ

になります！

おくすり手帳

ゴンドウクジラ Globicephalinae

ゴンドウクジラの仲間は小型の歯クジラで、シャチに近縁。100 頭以上の大きな群れを作り自分より大きなクジラを襲うこともある。

怖がりすぎて死んでしまう動物をどうぞ！

恐怖は、生きていくためにとても重要な感情です。動物の場合、本能的に恐怖を感じるものが組み込まれているものもいます。例えばウズラのヒナは、ハクチョウのような首の長い鳥の飛翔シルエットを見ても反応しませんが、ハヤブサのような首の短い猛禽類の飛翔シルエットを見ると、草むらに伏せて動かない行動をとります。このヒナは一度も襲われた経験がなくてもこの行動をとります。天敵を種ごとに認識するのではなく、天敵を体型の簡単な比率や特徴的なワンポイントで識別できるようプログラミングされているのです。

本能は学習する必要がない便利機能ですが、応用力がないプログラムであるため、実践的なものは学習で補っていきます。よって大人の方が子供より恐怖をたくさん感じるのです。特に学習領域が多い哺乳類は、何かの恐怖を妄想し、常にストレスを抱えることになります。

小型クジラ類のゴンドウクジラは、群れごと集団座礁をすることで有名です。理由は謎ですが、沖で天敵や人工的な音に驚き、誰かの恐怖が連鎖してパニックになり、「そこに何か怖い物がいる！」とお化け屋敷の心理になって、岸で怯えているのかもしれません。

追加の処方箋

小動物は天敵が多いので、警戒心が強く臆病で神経質な種が多いです。愛玩動物のウサギやモルモットは、ヒザの上などでおとなしくしていますが、イヌやネコの心理状態とは異なり、軽く緊張して動かないだけなのです。

ダイエットに失敗しました。（24歳・女性）

では、処方箋は

クマ

になります！

おくすり手帳

クマ Ursidae

　現生のクマ科は８種おり、そのうちの２種（ヒグマ、ツキノワグマ）が日本に生息している。アフリカ、オーストラリア、南極にはクマはいない。

最強のダイエット&リバウンド動物をどうぞ!

野生動物にとって「太りたい!」はありますが、「やせたい!」はありません。日々の生活が厳しすぎて、太ることはありえないのです。せっかく蓄えたエネルギー源の無駄づかいしないように、余計な運動もしません。鳥類は哺乳類より体温が高いだけでなく、自分の体重を宙に浮かせて移動させる必要があるので、燃料となるエサを絶やさないようにしなくてはなりません。鳥類のなかでも頭抜けて運動量の多い鳥はハチドリで、1秒間に最高80回の羽ばたきをし、ヘリコプターのような静止飛行をします。これらの代謝を補うために、花蜜を専食し続けて急速チャージします。逆に食事をしない夜間は、備蓄エネルギー不足で死なないようにしなければなりません。睡眠は冬眠に似たメカニズムで、毎晩体温を40℃から18℃まで下げて、代謝をコントロールしています。

ヒグマは大きいもので、秋に1日に5000キロカロリー以上を摂取して冬眠に備えます。これほど暴食しても心臓病や糖尿病にはならず、健康状態が悪化しません。半年近い冬眠中は、飲まず食わず排便せずで、100キロ以上の減量となることもあり、春の冬眠明けを迎えます。クマはこの驚愕リバウンド生活を毎年繰り返しているのです。

追加の処方箋

アフリカのナイルワニは、川辺でヌーやシマウマを豪快にハンティングしているイメージですが、ヌーたちは移動種なので季節に1回しか川を渡る大移動はありません。ゆえに、あんな獲物を食べられるのは一生に一回あるかないか……。

ゾウにオブラート

動物園の役割には、野生動物の研究および保護があります。野生動物を飼育することで、生まれてから死ぬまで、どのように成長するのか、どうやって繁殖するのか、どんな病気になるのか……、飼育担当者が毎日詳細な行動や体調の記録をとっています。動物園には、野生の研究だけでは得難い膨大な飼育データがあるため、今では絶滅が危惧されるような動物の救護や保全に動物園のデータやノウハウが活用されるようになり、世界の動物園は野生動物保護の最先端の基地として機能しています。

ゾウは陸上動物の最大種であり、長寿であり、知能が高く、獰猛なので、飼育設備や飼育体制は特別なものがあります。飼育下では繁殖事例も少なく、病気の対応は難題です。特に鼻は、ゾウにとって水を飲んだり食料をつかんだりするために不可欠なので、炎症を起こすと一大事です。また、ゾウは小さな豆粒程度のものでも嫌いなものは選り分けて食べるので、薬を飲ませるのが難しい動物です。そのため、錠剤の薬を飲ませるときには、食パン一斤の中にこっそり埋め込んで、バレないように生地でふたをして与えます。人間の子どもと同じですね。

仕事の悩み

パワハラ上司に困ってます。（29歳・男性）

では、処方箋は

サムライアリ

になります！

おくすり手帳

サムライアリ *Polyergus samurai*

本種の学名は *Polyergus samurai* で、種小名にも〝侍〟が命名された昆虫。異種を奴隷に使うユニークな生態だが、絶滅に瀕した危急種。

超ド級パワハラ動物をどうぞ！

ハラスメントというのは、動物行動学において古くから使われている用語です。サルやオオカミなどの社会性動物で、ライバルの交尾行動を邪魔したり、仲の悪い相手の子供を大人がいじめたりと、動物の種ごとに〝嫌がらせ〟のバリエーションや状況も様々。いずれもケンカのように正々堂々(?)としたものではなく、行為自体も自覚している当事者同士にしか気がつかないような陰湿なものが多いように思います。ちなみにニホンザルの場合、下位のものがボスの見えるところで大げさに嘘泣きをして、わずらわしい上位個体を落とし入れるような、「弱者の脅迫」をするものもいます。

人間社会の場合、例えば組織の立場を利用して部下の人権を無視するような行為がパワーハラスメント（パワハラ）とされることがありますが、日本にいるサムライアリは、パワハラどころではありません。クロヤマアリなどまったく別の種類のアリの幼虫や蛹を拉致してきて、奴隷として育てて一生働かせます。サムライアリ自身の仕事は奴隷狩りだけで、あとは働かないのです。いきなり連れてきて労働をさせる……まるで外国人労働者から不法な搾取をするブラック国のような生態と言えます。

追加の処方箋

東南アジアなどに生息するツムギアリは、葉を紡いでバスケットボールほどの巣を樹上に作ります。そのとき葉と葉をくっつける接着剤として使うのは、幼虫が繭を作るために吐く糸。パワハラというより児童労働の問題……？

仕事が楽しくなくて……。（25歳・女性）

では、処方箋は

ミツバチ

になります！

おくすり手帳

ミツバチ Apis

　養蜂の起源は紀元前１万５千年ほど前で、現在は、野生のセイヨウミツバチを長い年月をかけて家畜化したものが世界的に普及している。

社内転属でステップアップする動物

をどうぞ！

無脊椎動物で最も進化している動物のひとつにミツバチがいます。彼らは高度で複雑な社会行動をとることができ、真社会性昆虫と呼ばれます。エサのありかや距離、方向、花の蜜の種類などを言語化したシグナルでコミュニケーションを取り、互いの情報を共有しているのです。さらに、コロニーの分業もきわめて洗練されたシステムになっています。大きいものは数万匹単位のコロニーを作りますが、実はその99・9％が働きバチです。そしてその働きバチはすべてメス。男女雇用機会の均等どころか、極端にメスに偏る労働環境であり、なんとその働きバチすべてが姉妹関係にあたります。いわば数千～数万の従業員で構成された巨大な家族経営です。なお、ひとつのコロニーで卵を産むことができるのは女王バチ一匹だけ。働きバチは、元来は産卵能力があるものの、非常事態がなければ生涯卵を産むことなく、コロニーに尽くして1ヶ月ほどで死んでいきます。羽化して成虫になったばかりの頃は巣内の掃除や育児などの〝内勤〟の仕事を担当し、経験を積むと門番などに配置換えし、最後は危険で高い能力が求められるエサ探し担当として巣から出る〝外勤〟となり、全力で働くようになります。

追加の処方箋

ミツバチの内勤には、多様な仕事があります。巣内の温度は外気と関係なく35℃程度に保つため、冷えたときは働きバチみんなで飛翔筋を震わせて熱を発生させ、暑いときは一列に並んで翅を使って送風係として働きます。

働かないとダメですか？（37歳・男性）

では、処方箋は

ミツバチのオス

になります！

おくすり手帳

ミツバチ　Apis

ミツバチは単為生殖もできるため、メスだけでも繁殖が可能。女王バチが事故死する緊急事態に限り働きバチが産卵できるが、その子はすべてオスになる。

〝働かない改革〟を実行する動物をどうぞ！

ミツバチは真社会性昆虫で、高度に進化した生き物です。まるでコロニー全体がひとつの生物のような組織になっています。女王バチ（Queen）は権力の中枢のイメージですが、女王バチには働きバチに何か指令を出したり、威圧するような行動は一切ありません。むしろ死ぬまで卵を産み続けるので、生殖細胞のような役割と言えます。その産卵行動や羽化までが滞りないように、分業して巣内の秩序を厳格に維持していくのが働きバチ（Worker）です。高度に分業化された組織なので、どこかに問題が生じると、逆にあっけなくコロニーが衰退してしまうことも少なくありません。

コロニーのほとんどが働きバチでメスですが、オスもいないわけではありません。少数のオスは「ドローン（Drone）」と呼ばれ、これは〝怠け者〟という意味です。オスバチは鈍重で緩慢なので独特の羽音がし、これが無人機の「ドローン」の語源になっています。ミツバチのオスは繁殖期以外でもたまに存在しますが、とにかく働きません。採蜜などの外勤はもちろん、掃除などの内勤の仕事も一切せず、天敵が来ても針がないので役に立たず、闘争心もありません。そんな怠惰なオスバチも、生きる余地があるのです。

追加の処方箋

女王バチが事故死などをすると、緊急事態として働きバチが卵を産めるようになります。ところが、働きバチから生まれるのはすべてオス。結果的に女王がいなくなったコロニーは崩壊することになります。

労働環境の良い職場に転職したい。

（30歳・女性）

では、処方箋は

リカオン

になります！

おくすり手帳

リカオン *Lycaon pictus*

アフリカのサバンナに生息するイヌ科動物。数頭〜40頭ほどの家族を中心にした群れを作る。狩りの戦術は洗練しているが、絶滅危惧種。

管理職が有能な動物をどうぞ！

ネコ科とイヌ科の特長を大雑把に分けると、個人主義か組織主義かに分かれます。個々の能力が高いネコ科動物は、手柄を独り占めしたいタイプで、仲間を必要とせず束縛も嫌います。一方、群れを作るイヌ科動物は、組織の和を重んじて、責任感のある仕事を任されることに喜びを感じるタイプです。ゆえに、組織でも自分の実力以上の大きな仕事をやりたがります。猟犬というのは、運動能力が高いことよりも、そういった狩猟という共同作業による達成感にやりがいを感じるタイプが向いているのです。

オオカミやリカオンは、洗練された組織力によって、高い狩りの成功率を誇ります。特にリカオンの狩りは80％近い成功率と言われ、どんなネコ科をも凌ぐ確率です。これは単に運動神経の問題ではなく、狩りのフォーメーションにおける適材適所の配置がカギになります。群れに優秀なリーダーがいれば、年寄りや手負いの者には負担の少ない役割を与え、若い個体にはＯＪＴ（オン・ザ・ジョブ・トレーニング）で手本を見せ、実践で手柄を取らせて、仕事の楽しさややりがいを感じさせてやるのです。なお、仕留めた獲物は仕事量と関係なく皆で分け合います。

追加の処方箋

オオカミは年頃になると、近親交配を避けて群れから出て新しい群れ作りの旅に出ます。このときのオオカミを「一匹オオカミ」と呼びます。オオカミにとって、単独で狩りをする難しさを実感する大切な期間なのかも知れません。

共働きで、子育てが大変！（31歳・女性）

では、処方箋は
コウテイペンギン
になります！

おくすり手帳

コウテイペンギン *Aptenodytes forsteri*

　ペンギンは南極のイメージが強いが、南極大陸で繁殖するペンギンはアデリーペンギンと本種のみ。営巣地は海から100キロ以上離れた内陸に作る。

子育て支援制度が充実した動物をどうぞ！

哺乳類の場合、オスが子育てに関与する種類は少なく、多くがシングルマザー的な子育てになります。しかし哺乳類には母乳という優秀な発明品があるので、食べ物を与えるという点においては、とても効率の良い手段になります。

一方、鳥類は比較的夫婦で子育てする種類が多いと言えます。鳥類は卵を温めないといけないので、片親だけで2〜3週間も飲まず食わずで抱卵したり、孵化後に母親だけでエサを調達するのは大きな負担になるので、夫婦で交代しながら子育てする種が多いのです。

鳥類で過酷な共働きと言えば、コウテイペンギンです。潜水に特化した進化によってヨチヨチ歩きしかできないにもかかわらず、南極大陸の海岸から100キロ以上歩いたところに繁殖コロニーを作ります。オスが吹雪のなか、足の甲の上で卵を温めている間に、メスは海に出てヒナのためにエサを獲ります。そして、ヒナが少し大きくなるとクレイシという保育園に預けるようになります。クレイシでは、親ではない若い個体がヒナの面倒を見てくれるので、夫婦交代ではなく、両親共働きでエサを獲りに行けるようになるのです。

コウテイペンギン

追加の処方箋

シカはシングルマザー型の子育てをします。集団保育システムを持たないので、母親がエサを食べに行くときは、赤ちゃんをひとり放置。放置された赤ちゃんは母親を探し回らずに、岩のように丸まってじっと動かずに待っています。

育休を取りたいけど……。

（32歳・男性）

では、処方箋は

タツノオトシゴ

になります！

おくすり手帳

タツノオトシゴ Hippocampus

トゲウオ目ヨウジウオ科の海水魚で、世界の温かく浅い海に分布。世界に 50 種ほど、日本近海には 8 種ほどが生息。泳ぎは苦手で遅い。

イクメンの鑑！な動物をどうぞ！

オスとメスに分かれて有性生殖をするメリットは、病気への耐性など自分にない強い形質の情報を交換することで、産まれてくる子供が生き残るチャンスを高められる点にあります。その目的を果たすと、多くの動物は両親ともに卵を産みっぱなしで放置します。少なくともオスが子育てに関与するのは圧倒的にマイナーなグループです。オスは卵や子供の産まれた瞬間を見届けることなく、メスのもとを去ってしまうものが多く、育児も母親が単独でするものが多数を占めます。そのため、母子関係はしばしば特別な絆になりがちです。

ところが、なかにはオスがメスのような仕事を完全に担うものもいます。タツノオトシゴの仲間は、オスが腹に育児嚢を持ちます。メスがオスの育児嚢に輸卵管を挿入して卵を産みつけると、そのなかで受精するのです。孵化した子はある程度の大きさまで育児嚢で育つので、オスの育児嚢が膨れ上がり、まるで〝妊娠〟したように見えます。さらに〝出産〟するときは尾で海草につかまり、どこか苦しそうに「ヒー、ヒー、フー！」と力んで腹部の筋肉を収縮させます。すると親と同じ姿の数ミリの子が、ポーンと次々に育児嚢から飛び出し、元気に生まれてきます。

追加の処方箋

ブチハイエナのメスの外性器にはオスそっくりの偽ペニスや偽陰嚢があり、外見で雌雄判別するのは難しく、長らく両性具有と信じられていました。なお偽陰嚢は脂肪の塊であり、実際に精子を作る機能はありません。

仕事の手柄を横取りされた!（36歳・男性）

では、処方箋は

ヒキガエル

になります!

おくすり手帳

ニホンヒキガエル *Bufo japonicus*

ニホンヒキガエルは日本各地に生息し、都心の新宿でも普通に見られる。大型の陸棲カエルだが、オタマジャクシと子ガエルは小さい。

ちゃっかり野郎な動物をどうぞ！

動物のオスたちの繁殖戦略は実におもしろいものです。それはまさに、全集中にかけた一大プロジェクト。闘争などの直接対決で優劣・勝ち負けを決めるのはわかりやすいやり方です。

しかしながら、闘争による勝敗は、勝ったとしても自らも被害損失を被る可能性が大きく、互いにとってハイリスク・ハイリターンと言えます。そこで、直接対決を避けて〝度胸試し〟のようなものでメスにアピールする道を選んだ種も数多くいます。例えば大きい鳴き声を出す、目立つ色の体色や装飾を持つ、派手な踊りをする……など。いずれもその種にとって天敵に見つかりやすい要素をどれだけ盛り込めるかが、チキンレースのように自分の男気をメスにアピールできる方法として有効になるわけです。

ヒキガエルは大きい声で鳴くほどメスにモテるとされています。ところが、大きい声のオスのそばに別のオスがじっと黙って潜み、大声に魅了されたメスが近づいてきたら横取りしようとすることがあります。これを「スニーカー（こそ泥）行動」と言い、ライバルの裏をかくしたたかな戦略です。ちなみに靴のスニーカーは、泥棒でも足音がしないという宣伝文句で命名されたものです。

追加の処方箋

スニーカー行動は、あちこちで見つかっています。サケ類が川を遡上するときに、カップルに割り込んで放精するものや、オスのトンボのなわばりに入ってきたメスを隠れて待ち伏せして横取りする手柄泥棒のオスもいます。

頼れる上司って思われたい。（35歳・男性）

では、処方箋は

ニホンザル

になります！

おくすり手帳

ニホンザル *Macaca fuscata*

　ヒトを除く霊長類で最も北に生息する種（北限は下北半島）。20 ～ 50 頭ほどの群れをつくる。顔と尻は血液が透けて赤い。寿命は 20 年前後。

カリスマのいる動物をどうぞ！

社会性動物――特にリーダー制や順位制をとる動物のおもしろいところは、群れ単位がまるでひとつの生き物のようになり、1頭では難しい大物の狩りができたり、1頭では襲われてしまうような天敵に対しても集団で立ち向かうことができたりすることです。単に大きな仕事ができるだけでなく、病気やケガ、老化で思うように動けなくなっても、群れから見捨てられることはなく、単独でいるよりは生きていくチャンスが格段に増すことになります。

ただ、現実的には、群れを統率するリーダーのパーソナリティに、群れ全体の運命が大きく左右されます。ケンカが絶えなかったり、穏やかだったり、群れの個性はリーダーの影響が大きいのです。

リーダーの度量や判断は常に試されており、結果がすべてです。ニホンザルの場合、ケンカの強さだけではボスにはなれません。ケンカが強いだけなら、ヒトと同じく若い衆が1番でしょうが、ただの乱暴者と見なされれば誰もついていきません。例えば常に外部からの危険に最初に立ち向かい、弱いメスや子供を先に逃がすような〝ジェントル〟な振る舞いをしているものが、カリスマリーダーとなって支持されていきます。

ニホンザル

追加の処方箋

草食動物の群れは社会性が厳格ではないので、ケンカに強い個体はいますが、サルやオオカミのように群れをまとめるリーダーは存在しません。せいぜい繁殖期にメスを独占する程度で、カリスマ的な存在ではないのです。

何か新しい仕事に挑戦したい。

（20歳・男性）

では、処方箋は

ハダカデバネズミ

になります！

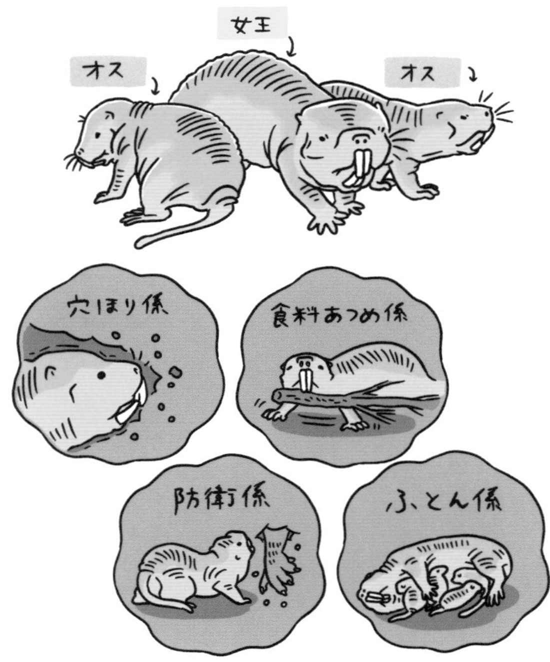

おくすり手帳

ハダカデバネズミ *Heterocephalus glaber*

哺乳類では珍しいミツバチのような真社会性動物で、分業や不妊個体が存在する。一般的に80頭ほどの群れをつくる。寿命は最長30年。

変わった職種が充実した動物をどうぞ！

真社会性昆虫のミツバチは、ひとつの究極の生き物と言えます。女王バチのために、子供を残せない不妊のミツバチのメス（働きバチ）が存在して、自分以外の者に尽くして死んでいくというのは不思議な話で、どのようにして進化してきたのか論理的な説明が難しいものです。昆虫という無脊椎動物でライフサイクルの短い生き物だから成し得た進化にも思えますが、なんと脊椎動物――しかも哺乳類で、ミツバチと同じ真社会性の動物がいるのです！

それは、ハダカデバネズミ。東アフリカにいるネズミの仲間ですが、モグラのように土のなかで暮らすため、強い紫外線にさらされることはなく、温度や湿度が一定なので毛は不要です。そして穴を掘るときに口のなかに土が入らない仕様の長い前歯を持ち、ネズミ特有の働き者。名は体を表すとはこのことでしょう。最大290頭の群れが確認されていますが、繁殖可能なのはそのなかの1ペアのみで、あとは不妊のワーカーとして群れのための仕事に尽くします。これはまさにミツバチと同じ社会構造で、育児や掃除など分業の役割があります。なお、ハダカデバネズミならではの仕事として、赤ちゃんに添い寝して保温する役目を担う布団係があります。

追加の処方箋

赤ちゃんを産むことができる女王が通ると、ワーカーはあお向けになって手を上げる服従姿勢をします。その姿はまるで敬礼のよう。女王はときどきワーカーに尿をかけますが、そこには不妊になる成分が含まれています。

アカゲザル

になります！

おくすり手帳

アカゲザル *Macaca mulatta*

インド～中国南部のアジア広域に生息するマカク属のサル。ニホンザルに似ているが尾が30センチほどと長い。天敵はヒョウ、ニシキヘビ。

処世術に長けた動物をどうぞ！

社会性動物の場合、人間のような複雑な言葉を使ってコミュニケーションは取りませんが、逆に群れの〝空気を読む〟能力は人間よりはるかに優れています。

ニホンザルやアカゲザルといったマカク属は、空気を読むのが上手なサルです。群れの順位が中位で、権力闘争に巻き込まれたくない中間管理職のような地位のサルは、特に〝上司〟に相当する自分より優位個体の振る舞いには気を使い、今日は機嫌が良いのか悪いのか、群れ内の派閥のケンカが始まったときにどちらにつくべきか、ケンカに参加してアピールしたほうがよさそうか、気配を消しておいたほうがよいのか……など、あれこれ空気を読みまくることに常に集中しています。それでも良かれと思ってやったことが裏目に出たり、気に触って怒られたりしますが、彼らはそういったことも想定内。日頃からゴマをするため、背後からグルーミングをサッやっておいたり、関わりたくないときは寝たフリをしたり、自分の腕の毛イジリに集中しているフリをして目が合わないようにしたりしています。どうにもならないときはいちかばちか上位個体の前に飛び出し、困った顔で卑屈な姿勢を取り、全力で許しを乞うのです。

追加の処方箋

原始的なサル（原猿類）は顔面がイヌのように毛で覆われていますが、よりヒトに近い真猿類は顔面の毛が少なく肌が露出しています。これによって微妙な表情や目線が仲間に伝わりやすく、複雑な感情を表現できるようになっています。

キリンの爪切り

動物の爪には3種類あります。人間のように物を掴むための平爪、狩りをするための鉤爪、そして速く走るための蹄です。

蹄を持つ草食動物のことを「有蹄類」と言います。ウシの仲間、ウマの仲間、サイの仲間などが有蹄類ですが、地上で最も背の高い動物であるキリンもウシに近いグループであり、蹄を持っています。爪は指の先に必ずあるものなので、蹄の数で動物の指の数がわかり、キリンの爪(蹄)は2つです。これは我々でいう中指と薬指であり、他の指は退化したためありません。ちなみにウマの蹄は1つなので、中指1本で立っているわけです。

瞬間に加速ダッシュできる動物は、指の数を減らすことで地面との接地面積を減らして、全体重を1点に集中させて爆発的な加速力を生み出しています。一方で飼育下の草食動物は天敵がいないため、あまり走り回らないので、爪が伸びすぎてしまうことがあります。そうして上手く歩けなくなることは、有蹄類にとって万病につながります。しかし、野生動物の削蹄は難易度が高いものです。そこで日頃から爪が伸びすぎないように、動物園では火山岩などを砕いた特別な目の粗い砂を使うことで、歩くだけで蹄が削れるように工夫しています。

家庭の悩み

親が過保護でうざい……。

（19歳・女性）

では、処方箋は

ツカツクリ

になります！

おくすり手帳

ツカツクリ　Megapodiidae

ツカツクリの仲間は、オーストラリアと周辺諸島などに生息。鳥類では唯一親鳥が抱卵をしないグループ。日光、地熱、発酵熱で卵を温める。

子供の面倒見が悪い動物をどうぞ！

親が子や卵を産みっぱなしにするのではなく、抱卵を含めて何らかの子育てに関与する特徴を持つのは、鳥類や哺乳類が代表的です。そんななかでも、子供がすぐひとりで活動できる状態で産まれてくる早成性か、親の世話を必要とする晩成性かのタイプがあり、進化系統、形態、生活環境、社会構造など複雑な条件でどちらになるかが決まっているようです。それぞれ環境適応に関してメリット・デメリットがあり、例えば鳥類においては、スズメ目の小鳥では眼も開かず、無毛で産まれてきて、親がエサを調達したり寄りそって保温したり長期間世話をしないと生きていけません。ニワトリなどキジ目は、フワフワの産毛に覆われ、眼も開いており、翌日には歩き出して自分でエサをつつき始めます。なかでもキジ目のツカツクリは自立心の強い鳥です。親は自分の体温で抱卵することすらせずに、枯れ葉を足でかき集めて小山（塚）をつくり、そのなかに卵を産みつけてどこかへ行ってしまいます。卵は枯れ葉の発酵熱で温められて孵化しますが、産まれたヒナは親の顔など知らず、愛も知らず、群れも作らず、生まれたその日から誰の世話にもならずに、ひとりでエサを探してフリーダムに生きるのです。

追加の処方箋

テナガザルは、類人猿では珍しく、人間のような夫婦型の家族を作ります。夫婦で歌をうたい絆を深め、生涯結婚相手を変えることはありません。群れを作らないので、夫婦だけで大事に大事に子育てをします。

マイホームを持つのが夢。（38歳・男性）

では、処方箋は

ビーバー

になります！

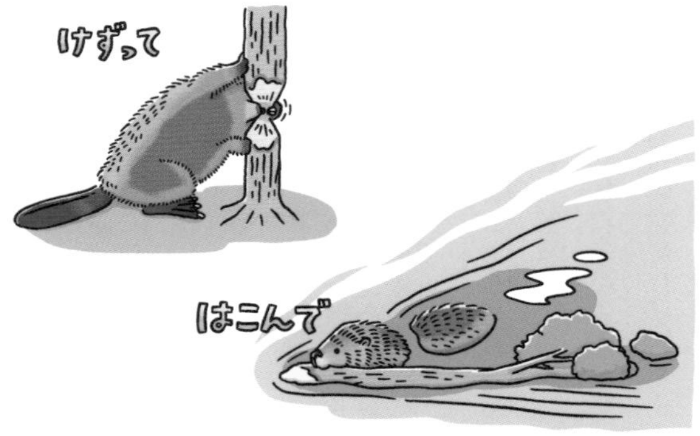

おくすり手帳

ビーバー　Castor

北米とヨーロッパの湿原に生息する齧歯類。寿命は最長20年近い。歯が鉄分でコーティングされていて、補強されオレンジ色している。

ビーバー

マイホームパパ動物をどうぞ！

誰にも邪魔されず、危険に怯えることなく、自分だけの空間を持つことは、全動物の憧れランキング第1位（たぶん）。鳥類の巣は繁殖目的一択なので、凝った巣はあるものの、マイホームというよりは、さしずめ産休・育休用の仮住まいといったところでしょうか。それでも鳥類には、ハトのように数本の簡素な枝だけで巣を作るものから、ハクトウワシのようにリフォームで枝を毎年重ねて1トン以上になる巣を作るものまでいます。どちらも巣立つまでの短い子育て期間の限定物件です。

自分のためにゆっくり身体を休めたり、外敵や寒さを気にせず睡眠をとったり、かわいい赤ちゃんや家族と水入らずでいられる場所――そんな思い入れたっぷりの、夢のマイホームをたったひとりで建てるのが、ネズミの仲間であるビーバーのお父さんです。巣作りは木を切り倒して川をせき止めてダムを作るという、重機なしでは人間でも不可能な広大な開墾事業に始まり、川をせき止めてできた湖の中央に枝を組み、要塞のような巣を作るのです。大型猛禽類やイヌ科やネコ科の天敵が入れないよう、入り口は水中にあります。家族のためを超えたこだわりのDIYに、お父さんビーバーは終生余念がありません。

追加の処方箋

アフリカに生息するスズメに似たシャカイハタオリは、鳥類には珍しい集合住宅（コロニー）を作ります。樹上に100以上のつがいごとの個室があり、数世代にわたって生活する鳥類最大の建造物で、まさに鳥類界のタワマンです。

実は、夫婦仲が悪くて……。（51歳・男性）

では、処方箋は

ドクトカゲ

になります！

おくすり手帳

ドクトカゲ Helodermatidae

アメリカ合衆国南西部、メキシコ周辺などの乾燥地帯に生息。トカゲの仲間では珍しく神経毒の猛毒を持つが、性格はおとなしい。

恋愛モンスターな動物をどうぞ！

動物に人間のような〝夫婦〟関係があるかどうかはわかりません。人間の場合は、動物のように本能で結婚相手や家族形態を決めているのではなく、一夫一妻制や一夫多妻制など、法律や風習で定められたものに則っているので、民族や時代によって変化していきます。一方、動物のオスは交尾だけして、子育てに一切関与しないものの方が多いため、夫婦と呼べる期間が短いか、一夜限りのセフレの間柄になります。子育てに関与しないことからデフォルトがシングルマザーで、生まれた子供も自分の父親を知りません。よって多くの動物は、夫婦ゲンカという概念が成立しないケースが多いのです。

ところで、「オシドリ夫婦」という言葉がありますが、イメージに反してオシドリは毎年結婚相手を変える夫婦関係がゆるい鳥です。一方で北中米の荒野にすむ、モンスターのような容姿で猛毒を持つドクトカゲの夫婦関係は、まさに純愛。普段は単独生活なので別居ですが、繁殖期になると決まったパートナーと1ヶ月ほど過ごします。荒野をのんびり散歩することで絆を確かめ合い、相手の歩調に合わせて振り返ったりして、仲睦まじい気配りにほっこり。そんな関係が20年以上続くのが、純愛一筋の〝オシドリ〟トカゲです。

ドクトカゲ

追加の処方箋

ライオンの交尾の誘いかけはメスの方が積極的です。人間とは生理のメカニズムが異なる交尾排卵なので、三日三晩15分おきに1500回も交尾をします。事が済むと、メスは「いつまで乗っかってんの！」とキレ気味でオスに吠えます。

収入が安定せず、不安です。（28歳・男性）

では、処方箋は

ワニ

になります！

おくすり手帳

ワニ Crocodilia

ワニの祖先は、約2億年前の恐竜時代ジュラ紀に出現。現生ではアリゲーター科、クロコダイル科、ガビアル科が生息。環境の変化や飢餓にも強い。

ゴージャスなのに質素な生活の動物をどうぞ！

ライオン、トラ、オオカミ、ヒグマ、ゾウなど、荒々しい猛獣というのは強さや恐怖の象徴であり、畏敬の念を込めて人々に人気があります。一般的に猛獣と呼ばれる動物のほとんどは肉食動物です。狩りで生計を立てているため、哺乳類に限らず、あらゆる肉食動物がほぼすべて絶滅に瀕しています。これは、生きるための食料の手に入れやすさに起因しています。草食の方が安定的に食料を手に入れやすいのに対して、肉食はおなかが空いて、探して、狩りに成功して……と、食べ物が口に入るまでのプロセスが多く、何か条件が悪くなるともろに生存に響くのです。

猛獣にはもちろんワニも含まれます。ただしワニは、ああ見えて猛獣のなかでは温和な方で、それほど貪欲でもありません。待ち伏せ型の狩りなので効率が悪く、見た目の割には咬合力が小さいため獲物を咬み切ることもできず、大物は水中に引きずり込んで溺死させるしかありません。子供の頃は水辺のクモやカエル、巻き貝など小物を食べています。大人になるとすばしっこい小物を捕まえられないため、大物が来るのをひたすら耐えて待ちます。ときには半年以上〝収入〟がないこともあるようです。

追加の処方箋

変温動物の爬虫類は、哺乳類より身体のつくりがシンプルです。代謝を低くすることで、飢餓・絶食に強く、エネルギー効率に優れています。ちなみに哺乳類は燃費が悪いので、エサを食べ続けないと死んでしまいます。

夫が家事をしません。

（34歳・女性）

では、処方箋は

タマシギ

になります！

おくすり手帳

タマシギ *Rostratula benghalensis*

インド、東南アジア、中国、アフリカ、オーストラリアに分布。非繁殖期は小規模の群れを形成している。水生昆虫やミミズなどを食べる。

メスが破天荒な動物をどうぞ！

生き物には、単細胞のアメーバーのように性がない無性生殖をするものと、オス・メスという性に分かれて生殖する有性生殖のグループがあります。高等動物になると、生殖方法だけでなく、同じ種でありながら性によって体長や形態・体色が異なる〝性的二形〟になるものもいます。つまり、性によって行動や役割も変わってくるのです。一般的に、産卵や子育てといった重要な仕事はメスが担い、天敵から身を守るなど高い生存能力を必要とする仕事はオスが担うことが多いです。そのため繁殖期には、オスはメスに自らが健康であることをアピールしたり、無駄に大きい角や、目立つ色をまとって派手に踊ったりします。天敵に自分の居場所がバレるほど大きな声を出しても「オレ様は平気だぜ!!」という度胸がセックスアピールになるので、頑張っちゃうのです。

ところが日本の水田にもいるチドリの仲間のタマシギは、鳥類では珍しくメスの方がド派手な色で、オスが地味な色をしています。そして一妻多夫なので、メスはオスを次々にナンパして回り、求愛ディスプレイをします。メスはオスたちが用意した巣に卵を産みつけるだけで、抱卵や子育てはオスがひとりで行います。

追加の処方箋

ミーアキャットの社会構造は、メスがリーダーで家族中心の群れになります。メスたちは働き者で、母親が狩猟採集に行って留守の間、長女らが幼い下の子たちの子守をします。オスは一回り小さく、なんとなく怠け者です。

私、見たんです……。

（51歳・女性）

では、処方箋は

スズメ

になります！

おくすり手帳

スズメ *Passer montanus*

スズメ目ハタオリドリ科の小鳥で、ユーラシア大陸全域に生息。人里に生息する身近な鳥だが、意外に研究者が少なく、動態調査などがあまり進んでいない。

他人の生活をのぞき見る動物をどうぞ！

家事を手伝うために雇われる人を家政婦（夫）と言います。動物界では家族や親戚といった血縁関係のない赤の他人が、家族をまるごと助けてくれることはあるのでしょうか？

人間社会では何ら普通のことですが、進化論の概要では、自分の遺伝子ではなく他人のために尽くす利他行動というものが上手に説明できずに、論理の根底を揺るがしてしまう現象として、ダーウィンも説明に悩んでいました。これらは個としてではなく、種を守る行動として解釈されてきましたが、そんな遺伝子のことや種のことを、動物たちは本当にいちいち考えているのでしょうか？

進化的な理由はともあれ、動物のなかにヘルパーが存在する種は、実はわりといます。社会性の哺乳類以外でも、鳥類などに多く、しかも我々日本人にとって身近なオナガ、ツバメ、スズメなどで見つかっています。

例えば、繁殖期に結婚相手が見つからなかったスズメが、カップルが成立している夫婦のヒナにエサを運んできたり、ヒナのうんちなどを持ち運んで巣内をキレイにお掃除して帰るのです。夫婦で子育てをする姿を横目で見ているうちに、家政婦をやりたくなってしまったのでしょうか。

追加の処方箋

ミツバチは真社会性昆虫なので、数万匹の働きバチからなるひとつのコロニーでは、完全に分業制になっています。働きバチは、すべてメス。巣内の清掃や育児関係は、仕事の経験の浅い、若い働きバチの担当になります。

DVが辛いです。（33歳・女性）

では、処方箋は

マントヒヒ

になります！

おくすり手帳

マントヒヒ *Papio hamadryas*

　アフリカ東部の局所に生息。顕著な性的二形でオスはメスの２倍の体重になり、マント状の肩の装飾毛と頭部のタテガミが発達する。

動物界の暴力夫をどうぞ！

家族や恋人という最も大切にすべきもの、命がけで守りたくなるものに対し、真逆に傷つけてしまう行動はなぜ起きてしまうのでしょうか？　例えば「獅子は我が子を千尋の谷に落とす」ということわざがありますが、百獣の王ライオンは、実際は自分の子供に対して厳しいどころか、実際何をやっても本気で叱らずに過保護に甘やかして育てます。ライオンに限らず、多くの動物が自分の子供を甘やかして育てるものです。ネズミの仲間は、密度の高い場所で出産したり、出産時に驚かしたりすると、赤ちゃんを母親が食べてしまうことがあります。これも異常行動のモードではあるものの、八つ当たり的な陰惨なＤＶ（ドメスティック・バイオレンス）や虐待とは種類が少し違うような気がします。とにかく、ＤＶや虐待の科学的なメカニズムの解明が急がれますが、動物行動学的にはなかなかの難題です。

マントヒヒは重層社会の群れを作る複雑な社会構造を持つ動物で、オスは他の群れからメスを拉致してきます。その後もオスは暴力的に威嚇し、その恐怖でそのメスを心理的にそばに拘束します。その代わりに、他の群れのオスが襲ってきたときには命がけでそのメスたちを守る行動を見せます。

追加の処方箋

アフリカに生息するボノボは、チンパンジーに似た類人猿です。しかしチンパンジーと大きく違う点は、厳しい序列や陰惨なイジメがなく、とにかくケンカをしない平和的な動物であることです。食べ物も独占せずに、皆で分け合います。

オレオレ詐欺に遭いました。

（72歳・女性）

では、処方箋は

カッコウ

になります！

おくすり手帳

カッコウ *Cuculus canorus*

ユーラシア大陸、アフリカ大陸に生息し、カッコウの仲間は世界に150種ほどいる。日本のカッコウは、28種の他の鳥に托卵することがわかっている。

動物界ナンバーワンのプロ詐欺師をどうぞ！

動物が最も大事にするもののひとつが、自分の子供です。特に鳥は卵やヒナから目を離さず、細心の注意を払います。そんな大切なものを赤の他人に預けるなんて発想は、普通の動物には思いつきません。ところが、それを完璧にやってのけるのがカッコウです。托卵により、オオヨシキリやホオジロなどまったくの別種に自分の卵を預けてしまうメンタルはすごい！　バレたら卵を捨てられるか、巣ごと放棄され簡単に終わってしまうミッション・インポッシブルな奇策ですが、そこは緻密な工作ができる最上級サギ師のカッコウ。まず、タカの鳴きまねで親鳥を驚かせて巣から遠ざけ、その隙に巣内の卵をひとつ捨てて自分の卵を産み、数を合わせて不審がられないようにします。そしてなんと卵は宿主（預け先）の卵と同じ色や模様をしているのです。さらにカッコウの卵は宿主の孵化より1日早く孵化するようにプログラムされており、ヒナは眼も開いていないのに、親鳥が留守のうちに、背中を使って宿主の卵を巣から全部落としてしまいます。カッコウのヒナは宿主の親鳥より大きくなりますが、宿主の鳥はヒナの口のなかの色や形で自分の子と認識するので、模したカッコウのヒナに本能的にエサを与え続けてしまうのです。

追加の処方箋

亜社会性昆虫のモンシデムシは親が卵を守りますが、そこに別のモンシデムシが来てこっそり卵を産みつけ、別の親に守らせる種内托卵するものが現れます。それに対抗するように、宿主の親は早く生まれた不自然な子を殺してしまいます。

姑とうまくいきません。（48歳・女性）

では、処方箋は

イルカ

になります！

おくすり手帳

イルカ Odontoceti

「イルカ」と「クジラ」の呼称は生物学的な分類ではなく主に大きさによる通称。鯨類はハクジラ類とヒゲクジラ類に分類され、イルカは小型のハクジラ類。

姑がブイブイいわす動物をどうぞ！

動物の社会構造は、どんな順位制なのか、また誰が移籍するのかで、種ごとに作法が変わってきます。ニホンザルは年頃のオスが近親交配を避けて、他の群れに移籍するために旅に出ます。つまり、これは婿入りに近い関係性と言えます。同じ霊長類でも、例えばチンパンジーは、年頃になるとメスが出自の群れを後にして、新しい群れに移籍します。ニホンザルやチンパンジーは一夫一妻制ではないので、人間のような夫婦関係や家族構成ではありませんが、オスの場合は母子の絆が大人になっても強いままです。そのためよそから来たメスは人間の嫁入りのような状況で、アウェー感がかなり強くなり、多かれ少なかれ嫁と姑の関係のストレスは避けられません。

一方、知能の高い社会性動物のイルカでは、おせっかいで口うるさい年配のメスが多いようです。例えば若いイルカの初デートがあると、カップルにつきまとって応援（？）したり、初夜に口を出すかのように若いカップルをけしかけて、交尾を促すような行動が確認されています。おそらく若いカップルにはありがた迷惑でしょうが、義母の親切心をくみ取れるイルカは、耐え忍びます。

追加の処方箋

物語ではギャング風に描かれがちなハイエナですが、実はハイエナ社会はメスがボスであり、たとえ家族でもすべてのメスの下にオスという順位の序列になります。何でも最優位のメスが決めて、他のメスやオスたちはそれに従います。

ストーカーにつきまとわれてます……。（22歳・女性）

では、処方箋は

オオカミ

になります！

おくすり手帳

オオカミ *Canis lupus*

　オオカミは北半球に広く生息するが、アフリカと東南アジアには生息していない。イヌはオオカミを家畜化して作られた動物。

元祖ストーカー動物をどうぞ！

ストーカーとは、もともと動物行動学でよく使われていた用語で、肉食動物の狩りにおいて獲物を隠密的に追跡し、狩りのタイミングを図るような行動のことを指していました。草食動物は警戒心が強く、見つけると同時に襲いかかろうとしても俊足で逃げ去られてしまうので、肉食動物は獲物に見つからないように気配を消して近づくか、見つかっても目を合わせないなど、姿勢や表情において狩りと真逆の行動をとることで相手を油断させます。失敗すると警戒が厳しくなるので、慎重に行動し、無理に成果をあせらない冷静な判断ができる動物がとる行動です。

これらはオオカミやキツネなど、イヌ科が得意とする戦術です。特にオオカミは『送り狼』というストーキング行動もします。オスは、自分のなわばりの巡回中にライバルのオスや通りすがりの興味のない動物を見つけると、その部外者がなわばりから出て行くまで一定の距離を保って後ろからついて行きます。なわばりから出ていけば、攻撃することなく引き返していくので、まるでお見送りをしてくれているかのように見えます。ただし、部外者が立ち止まって警戒するなど、そのオオカミにとって気に触る行動をとると、直ちに襲いかかります。

追加の処方箋

ウミガメのオスは繁殖期になると、メスを求めてしつこく追い回します。複数のオスが1匹のメスにしがみつこうと積み重なって放さないので、メスは水面に上がれず、呼吸ができずに命の危険すらある一方的なモテ地獄に遭います。

サルの花粉症

動物園でも人気の高いサル山。ニホンザルは珍獣というわけではありませんが、観察し始めるといつのまにか釘付けになってしまいます。一体なぜでしょうか？

それは、彼らの社会行動を観察できる展示だからです。例えば母子関係の育児行動や、順位制の社会行動などを見ることができるでしょう。ニホンザルのような社会性動物の魅力は、単体ではなく、群れの行動にあります。そういった動物の生態を展示したいと考えた上野動物園が、昭和初期に世界初の〝サル山〟展示方法を考案し、今ではマカク類の展示方法における世界のスタンダードになっています。これによって社会構造の詳細や、順位やボスの入れ替わりのメカニズムなどが、野外調査以外のアプローチとして明らかになってきました。

そして、ニホンザルが花粉症にかかることもわかりました。人間が花粉症になるメカニズムも未だ解明されておらず、単なる花粉の量だけではなく、他の大気汚染物質との融合など諸説ありますが、いずれにせよ深刻なアレルギー症状は社会問題になっています。飼育下のニホンザルでも、花粉シーズンになると涙目になったり、鼻水を垂らしたり、クシャミを連発するものが群れの一部に現れます。人間と同じように、とても辛そうです。

恋愛・子育ての悩み

結婚できるか不安です。
（29歳・女性）

では、処方箋は

ハクガン

になります！

おくすり手帳

ハクガン *Anser caerulescens*

北米で繁殖する渡り鳥。かつては日本にも越冬地として多数飛来したが、1940年代に越冬個体は0になった。1990年代より復元計画が進められている。

史上最大の合コンをする動物をどうぞ！

動物にとってチャーミングポイントと感じるものは何なのでしょう？　身体の大きさとか、角の大きさとか、飾り羽を活かしたダンスのうまさとか……あれこれ言われていますが、本当でしょうか？　人間のように、「顔は好みだけど、背が低いなぁ……」「歌はうまいけど、なんか生理的に無理！」というわがままを言う動物はいないのでしょうか？　動物の容姿の好みについては知るよしもありませんが、サル山の血縁関係、特に父子判定を遺伝子レベルで調べた研究によると、サル山の子供の父親は必ずしもボスではなく、また社会的な順位の低いメスが交尾相手として選ばれないこともありません。それどころか、サル山にはケガや病気で身体に重度の障害があっても、優しくグルーミングする異性もいます。サル山では社会的な順位や容姿、ハンデに関係なく、誰でも子供を持つチャンスがあるのです。

ちなみにハクガンは北米に生息する美しい渡り鳥です。数千～数万羽単位の群れで北の地へ渡り、婚活をします。白色の鳥なので、我々人間にはどれもまったく同じに見えますが、上手に結婚相手を獲得するものもいれば、長い越冬期間内に結婚相手を決められずに、春に1羽で帰るものもいます。

追加の処方箋

絶滅危惧種がその数を減らしているのは、人間の乱獲や生息地の破壊が主な原因でしょう。しかしながら、結婚相手の条件が厳しすぎて減っていく動物もいます。ジャイアントパンダのメスは、なかなか選り好みが激しいお嬢様タイプです。

うまく告白できません。（23歳・男性）

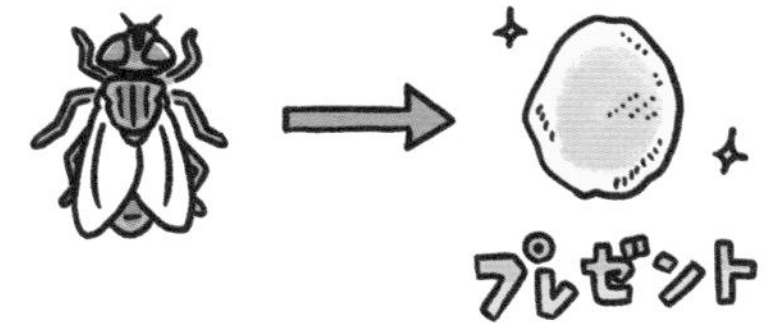

おくすり手帳

クモ　Araneae

クモは昆虫より早く出現した。初期の昆虫はクモから逃げるために、翅を獲得して飛べるようになり、クモは糸で網を作るように進化した。

イカしたプレゼントを用意する動物をどうぞ！

オスは好きなメスに告白するとき、とても緊張します。それは、百獣の王ライオンも同じ。緊張が伝わってメスに警戒心を抱かせてしまわないよう、告白したいメスよりも姿勢を低くしたり、メスを凝視しないようにするなど、告白の際のファーストコンタクトのやり方とタイミングや、丁寧さはとても重要です。サルやイヌ科動物のような順位制の社会性動物のなかには、若者が自信満々に「オレって、イケてない？」とメスの前でリズミカルに気取った歩き方をするものもいますが、そういう浅はかな行動はメスに見透かされているようで、意外とカップル成立に至らないことが多いようです。それどころか、思い通りにならないことにイラついたりする様子は、メスの査定評価を下げてしまいます。ゴリラのオスはかなりシャイで、好きなメスが視界に入るだけで緊張してワキガを放ち、メスの目を見ることもできません。

メスの気をひくためにプレゼント作戦を使う動物も多くいます。キシダグモなどのクモ類でも、婚姻贈呈行動をする種は知られています。彼らは糸でエサを丁寧にラッピングして、メスに差し出してプロポーズします。メスがその気にならなければ自身も食べられてしまう危険のある、命懸けの告白です。

追加の処方箋

空飛ぶ宝石と言われるカワセミも婚姻贈呈行動をする小鳥です。小魚を捕るとメスのとまる枝に行き、メスの目の前でその小魚を枝に打ち付けて絶命させて、食べやすいようにしてから、メスの口もとに差し出します。

妻と倦怠期なんです。（57歳・男性）

では、処方箋は

テナガザル

になります！

おくすり手帳

テナガザル　Hylobatidae

アジアに生息する小型類人猿で、約20種いる。類人猿なので尾はない。人間以外では珍しい〝夫婦〟のような一夫一妻の社会構造で暮らす。

夫婦でカラオケを楽しむ動物をどうぞ！

動物は求愛において、あの手この手で全力アピールします。多くの動物のオスは交尾が成功すると、いわゆる賢者タイムを経て、何の未練もなくその場を立ち去ります。しかし、人間の夫婦関係のように、交尾後もしばらく一緒に子育てしたり、夫婦関係を死ぬまで継続する動物もいます。そういった動物に倦怠期のようなものはあるのでしょうか？　また、交尾など何か見返りを要求する等価行動はあるのでしょうか？

例えば、哺乳類の夫婦間の〝歌〟はどうでしょう？　鳥類や昆虫では、求愛行動として鳴いたり、さえずったりします。しかし繁殖目的以外でも恋人関係や夫婦関係で歌をうたう哺乳類がいます。ザトウクジラは歌のような独自の旋律を持つ鳴き声をあげますが、30分近い長尺のものや、地域ごとの流行歌があります。オオカミは群れの絆を深めるために長い遠吠えを鳴き交わします。

東南アジアにすむ小型類人猿であるテナガザルは、毎朝夫婦でデュエットをしています。木にぶら下がりながら、どちらかが歌い始めるとパートナーもそれに続いて歌います。鳴き方のフレーズにはクライマックスがあって、そこで気分が高揚して歌い上げて終わります。

追加の処方箋

テナガザルは声の届く範囲がなわばりになり、その鳴き声はジャングルの数キロ先まで聞こえます。その声も緊迫した警告音というよりは、夫婦が朝の日課として気持ち良さそうに歌っているかのようです。

恋愛するのがめんどくさい。（23歳・男性）

では、処方箋は

アホウドリ

になります！

おくすり手帳

アホウドリ *Phoebastria albatrus*

　北太平洋に生息する大型の海鳥。翼開長は240センチに達し、強力な海風がないと離陸できない。寿命は50年以上のものも珍しくない。

恋愛こじらせ動物をどうぞ！

生き物にとって恋愛とは、どんなものでしょう？　自然界には、寿命が1週間しかないものや、出会いのチャンスが一生に1回あるかないかという動物もいます。また、ライバルとの命懸けの決闘を乗り越えないとメスに相手にしてもらえない動物がいる一方で、ワンシーズンで何十何百ものメスとの恋愛をしなければないものなど、種ごとに様々な恋愛事情があるようです。いずれにしてもロマンチックな恋愛を楽しんでいる余裕はなさそうですが、逆にこのめんどくさい行程をすべての動物たちが真剣に楽しんでいるようにも見えます。ハチの仲間や一部の爬虫類などは雌雄がいる有性動物でありながら、単為生殖という方法を獲得して、メスだけで卵を産んで繁殖できるようになっています。こういうグループの〝恋愛観〟は、もしかするとドライなのかもしれません。

身近な小鳥なら生後半年で発情するものもいますが、絶滅が危惧されるアホウドリの仲間は違います。性成熟するのに4年以上かかり、2～3年かけた求愛行動でじっくり相手を決めますが、相手が決まった年には交尾をしません。相手を決めるまでにめんどくさいプロセスをじっくり踏むタイプの鳥ですが、その代わり死ぬまで同じ相手と添いとげます。

追加の処方箋

都市部の川のそばで蚊が集まることがあります。ユスリカといい、血を吸わない蚊です。繁殖期になるとオスが数百匹集まって蚊柱をつくり、そこにメスが飛びこんで、オスを選びます。どんな恋愛観か聞いてみたいものですね。

家柄が厳しくて自由に恋愛ができません。（23歳・女性）

おくすり手帳

ムカシトカゲ Sphenodon

ムカシトカゲ目ムカシトカゲ科で約２億年間、その形態はほとんど変化していない。オスは体長60センチ、体重１キロほど。メスはオスの半分ほどの大きさ。

由緒正しいお家柄の動物をどうぞ！

現生の爬虫類には、カメ目、ワニ目、有鱗目（トカゲ、ヘビ）のほかに、一般にはあまり知られていませんがムカシトカゲ目という小さなグループが存在します。ムカシトカゲは、現在はニュージーランドにしか生息していない爬虫類で、「トカゲ」と名がついていますがトカゲとはまったく関係ない進化系統のグループです。彼らはジュラ紀に地球上に出現している生きた化石で、現在では近縁系統はすべて絶滅しています。数々の地球上の大陸の衝突や分離を経験し、氷河期や巨大火山、恐竜を絶滅させた隕石時代も体験してきたムカシトカゲ先輩は名家の出で、伝統を重んじる由緒正しいお家柄です。2億年前の数々の〝伝統〟を守りぬいたムカシトカゲの移動方式は両生類に似ており、頭骨や脳や心臓は爬虫類で最も原始的！　外部生殖器をもたないので、雌雄判別が極めて難しい動物です。そのうえ爬虫類のなかで最も成長が遅く、35年くらいかけて成長し、性成熟に軽く10年以上かかり、100年以上生きます。

求愛行動も古風で、奥ゆかしい儀式があります。オスがゆっくり体を上下しながらメスの周りを回り、メスが求婚を受け入れるなら、メスは頭を品良く上下に振ってうなずき、結ばれます。

追加の処方箋

ダチョウのメスには厳格な社会的順位があります。最優位のメスがはじめに卵を産むことができ、下位のメスは最優位メスの卵の外縁部にしか卵を産めません。外縁部は抱卵しても冷えやすく、外敵にも狙われやすい位置です。

育児に自信が持てません。（31歳・女性）

では、処方箋は

ジャイアントパンダ

になります！

おくすり手帳

ジャイアントパンダ *Ailuropoda melanoleuca*

ピンク色で体重 150 グラムほどで生まれ、生後約 50 日で眼が開き、約 1 ヶ月で白黒模様がはっきりし、半年で竹を食べ始め、4 ～ 5 年で性成熟する。寿命は 20 年ほど。

赤ちゃん大好き動物をどうぞ！

育児の苦労は、経験してみないとわかりません。どうやら動物も同じようで、すべての動物が子育て上手なわけではありません。同じ種でも、子育ては個性や性格の違いが出るし、そもそも何をもって「子育て上手」と言うかが難しいところです。

例えば、社会性昆虫のミツバチは働きバチによって高度に育児・保育が分業化されていますが、巣に何か危険が発生して巣を放棄するときには、肉食昆虫のように幼虫や卵を貪り食ってしまいます。ネズミも元来草食ですが、ストレスがかかると生まれたばかりの自分の子供を咬んだり、食べてしまうことがあります。キリンは他人の子が自分のオッパイを吸いにきても寛容ですが、シマウマやヌーは小さな子供でもキツく追い払い、一切面倒は見ません。

ジャイアントパンダは、もしかすると哺乳類で一番育児が下手かもしれません。というのも、新生児がリスくらいの大きさとあまりに小さいため、取り扱いが難しく、母親がうたた寝をするときの寝返りなどでうっかり下敷きにしてしまう事故が少なくありません。それでも子育てにかける愛情は哺乳類で一番ではないかと思うほど、一生懸命全力で頑張っています。

追加の処方箋

人間の子育ては動物のなかで最も難しいと言えます。というのも、生まれて寝返りができるまでに半年近くもかかる動物はほかにいません。自立行動までの成長が遅いので、母親への負担が大きくなってしまいます。

赤ちゃんの夜泣きに悩んでいます。（28歳・女性）

では、処方箋は

フクロモモンガ

になります！

おくすり手帳

フクロモモンガ *Petaurus breviceps*

オーストラリアと周辺の諸島に生息。モモンガと名がついているが齧歯類ではなく、カンガルーやコアラと同じ小型の有袋類。

ヘンテコ夜泣き動物をどうぞ！

赤ちゃんがぐずって大声で泣いたり、子供がダダをこねて騒いだりするのは、動物行動学では「子による親の脅迫」という本能の行動と解釈されています。言葉を使ってコミュニケーションをとれない幼児は、大声を出して騒ぎ、欲求を通そうとします。大声は天敵に居場所を知らせる行為でもあるため、親にとっては〝脅し〟行為。晩成性の小鳥のヒナはお腹がすくと大声で鳴きますが、親鳥があわててエサを取ってきて口に入れてあげればピタッと鳴き止みます。実際に赤ちゃんたちに〝脅している〟という意識はないのでしょうが、多くの動物が採用しており、なかなか有効な手段になっているのは事実です。多くの動物が経験するこのカワイイ〝脅迫〟は、後にかけがえのない大切な思い出へと変わっていきます。

モモンガに似た有袋類のフクロモモンガは、少し成長すると、大の字に立ち上がって兄弟みんなで「ブヒブヒブヒ」と大きな声で叫びながら威嚇します。もちろんこれは、小鳥のヒナのような、おねだりの甘え鳴きではなく、本気で怒っているリアクションですが、とても小さな動物なので、人間目線では怖いと言うよりは、かわいくて笑ってしまいます。

追加の処方箋

キリンは首が長く、喉や舌の構造上、鳴かない動物で、音声によるコミュニケーションはとりません。ただし、子供時代には、ごくまれに鳴くことがあります。その音声はウシに近い仲間らしく「モ～」と鳴きます。

過保護って言われます。

（34歳・女性）

では、処方箋は

ライオン

になります！

おくすり手帳

ライオン *Panthera leo*

ライオンの天敵は干ばつなどの自然環境で、２歳まで生き残れる子ライオンは 20% 以下。加えて群れを乗っ取ったオスが、子殺しをする習性もある。

百獣の過保護王をどうぞ！

多くの人が動物の子育てに対して「優しくもキッチリ厳しい」ものをイメージしているようですが、実際はわりと過保護で子供に甘いです。チンパンジーやニホンザルでは、子供のケンカがこじれると、必ず母親が出てきて相手の子供を叱ります（というか脅します）。そのまま親同士のケンカに発展することも日常茶飯事。カンガルーは子供が育児嚢に入りきらないくらい大きく育っているにもかかわらず、歩きたくないとダダをこねられた母親は仕方なしに袋に入れて運んであげます。アシカの赤ちゃんは少し練習しないと泳げるようになりませんが、母親や群れの仲間みんなで、泳ぎの練習中に赤ちゃんがおぼれないように水中の下から回り込んで、お神輿みたいに支えて手厚くサポートしてあげます。

ネコ科のお父さん、お母さんは特に甘々です。チーターやヒョウの母親は、こっそり先回りして獲物に致命傷を負わせて仕込んでから、子供に狩りの手柄をとらせて自信をつけさせます。何かにつけてキレやすいと言われるライオンのオスも、自分の子供には甘く、小さな子ライオンがじゃれてお尻にガブッと噛みついても、苦悶の表情をしながらも叱ることは一切しません。

追加の処方箋

ゴリラのお父さんは、子供とレスリングごっこでかまってあげるとき、自分が下になって“負けて”あげます。こういう行動を「セルフ・ハンディ・キャッピング」と言いますが、強い者が相手のレベルに合わせる徳の高い行動です。

反抗期の子供にまいってます……。

（38歳・女性）

では、処方箋は

ゾウ

になります！

おくすり手帳

ゾウ　Elephantidae

ゾウの妊娠期間は約22ヶ月。授乳期間は3年くらい。オスは10歳頃から性成熟がはじまり、15歳頃群れを離れて単独行動をする。寿命は70歳くらい。

大人になっても反抗期がある動物

をどうぞ！

動物の多くは近親交配を避けるインセスト・タブーというモードが遺伝的に組み込まれています。血縁の近いもの同士の交配は、有害な劣性遺伝の形質が確率的に出やすくなるため、近親者に発情しないような制御機能が備わっているわけです。その関係で、性成熟した成長段階で、鳥類なら巣別れをしたり、哺乳類なら若オスまたは若メスが群れから出て行くような行動をとるようになります。哺乳類の場合は、子供が親の言うことを聞かずに反抗的になったり、逆に親が急に冷たくなったり、擬似的に攻撃するようなモードになるものもいます。いずれもある一定期間の生理的な変化なので、本気で憎しみ合う仲が続くわけではありません。

しかしゾウのオスは、オトナになっても反抗期が周期的に訪れます。これは「マスト期」と呼ばれるもので、この時期には男性ホルモンが平時の50倍分泌されます。発情と関係したものですが、まだまだ謎が多い生理現象です。こめかみあたり（側頭腺）から液が冷や汗のように流れているので、マスト期のゾウはひと目でわかります。野生でも飼育下でも、とにかく別人（別ゾウ）かのような予測不能の気性の荒さを見せる動物界最恐の反抗期です。

追加の処方箋

ゾウのオスは子育てにまったく関与しません。成獣オスにとって、実の子だろうがオスであればすべてライバルと認識し、あるときから激しい攻撃をしかけます。だから動物園では、メスの赤ちゃんの誕生を密かに願っています。

子離れできません。（44歳・女性）

おくすり手帳

キツネ　Vulpes

代表的なアカギツネは、日本をはじめユーラシア大陸、北アメリカなど広く分布。イヌ科でありながら、形態や行動がネコに似ている。

愛ゆえの子離れ術のプロをどうぞ！

鳥は卵を1日1個ずつ産むため、3、4個目くらいまでの卵のヒナの方が、それ以降に産んだ卵よりも早く生まれます。同じ巣のヒナでも、数日の孵化日の差が成長にも現れるため、最後に産まれた卵のヒナはちょっと頼りなく甘えん坊で、巣から飛び立つ勇気もなかなか出なかったりします。親鳥はそういうヒナもやさしく辛抱強く見守り、ほかよりも手をかけて一人前に育て上げます。鳥は表情を作る皮膚や筋肉がないので、見た目で人間が感情を読み取ることはできません。しかし親であれば、手塩にかけた子がかわいくないはずがありません。いつまでも一緒にいたい気持ちを抑えて、子離れという一大イベントに臨みます。

キツネはイヌ科では珍しく群れを作らず小さな家族単位で生活し、夫婦で子育てをします。子供たちは甘えん坊で、家族でよく遊び楽しい時間を重ねて絆を深めますが、秋は巣別れの季節で、子供たちを独り立ちさせなくてはなりません。これまで優しかった親にある日突然牙をむかれ、子供たちは何かの間違いではないかと戸惑いますが、親は鬼の形相をゆるめないので、何度もふり返りながら親元を去って行きます。親が切なく演技をしているのは、見ていてわかります。

追加の処方箋

群れの乗っ取りにやってきたライオンのオスは、手始めに前のボスの子供たちを殺します。ごくまれにそれを察したメスが幼い我が子を連れてシングルマザーの道を選びます。母性愛からの決断ですが単独での狩りは難しく、生きていくのは大変です。

ペンギンにカビが生える!?

四季の寒暖差が大きい日本の動物園において、暑い地域と寒い地域の動物ではどちらの飼育が難しいのでしょう？　……実は、難しいのは圧倒的に寒い地域出身の動物の飼育です。ゾウやキリン、カバにいたるまで、アフリカの赤道直下に生息しているような動物は北海道でも飼うことができます。哺乳類は恒温で寒さに適応しやすい生理機能を持つだけでなく、飼育設備も温める方が冷やすよりも低コストで済むという側面もあります。砂漠などは暑そうなイメージですが、実は夜間は季節によっては0℃近くになるほど気温が下がるので、動物たちは意外と温度差にも対応できることが多いのです。

一方、極地に生息する動物は極低温に耐えられるようになっていますが、ホッキョクグマのように0℃でも熱中症気味になってしまう動物もいます。ホッキョクグマは、日本の動物園においては繁殖自体は難しくありませんが、高温多湿で雑菌が多い環境のため、赤ちゃんがなかなか長生きしない現状があります。また、日本の動物園・水族館のペンギンでは、カビに注意しなくてはいけません。極地には雑菌がほとんどないので、日本のカビが原因で肺炎になって死んでしまうのです。防カビ対策や治療に、獣医師は日々奔走しています。

Chapter 6

教育の悩み

子供のクラスに乱暴な子がいます。（31歳・女性）

では、処方箋は

ニホンザル

になります！

おくすり手帳

ニホンザル *Macaca fuscata*

ニホンザルの順位制は、群れの最優位、２位、３位……最下位と、きれいに１直線上に序列が決まる。また、すべてのオスがすべてのメスより上位となる。

社会教育のプロ動物をどうぞ！

動物にも気性の荒いものや内気なものなど、様々な個体がいます。動物は、食べ物の見つけ方や狩りの仕方、危険回避の仕方などを見て学ぶ機会が与えられますが、人間のようにお行儀やしつけのようなものを親に細かく教わる機会はないので、そういった性格の差は、遺伝的なものが大きいのかもしれません。そもそも、生死に関わるものでなければ、進化の過程で性格の違いをなくす必要はないのでしょう。

ところで、ニホンザルのボスはどうやって決まるのでしょうか？　まだ謎も多いのですが、少なくともケンカが強いからなるわけではないようです。ケンカだけなら若者の方が強いはずなのに、老齢個体が群れのボスであることも珍しくありません。ニホンザルは早ければ4歳くらいで性成熟しますが、人間と同じで身体はできあがっていても心は子供のままです。このため、5~6歳のオスは人間の中学生と似て、少し尖っていて、勘違いから老齢のボスを小突いたり失礼な態度をとったりするものもいます。群れでは4歳以下であれば子供がやったことと許されていましたが、性成熟すると大人として扱われ、非礼なヤツは、群れ全体から本気で怒られ、社会のルールを叩き込まれます。

追加の処方箋

ニホンザルの社会、特にオスは教育上のお作法が厳しく、上位個体の前では大きな動きは厳禁で、上位個体を横切るときは、相手の背中側をゆっくり通らないと怒られます。何か気に触ることしてしまった下位のオスは、口答えせず、すぐ謝ります。

息子に帝王学を学ばせたい。（48歳・男性）

では、処方箋は

ライオン

になります！

おくすり手帳

ライオン *Panthera leo*

ネコ科のオスは交尾をするだけで、子育てには一切関与しない。ライオンは単雄複雌群なので、群れの赤ちゃんを自分の子として認知している。

百獣の〝帝王学〟王をどうぞ！

普通の人と違う帝王たるにふさわしい教養・態度・考え方などを身につけるための修行を「帝王学」と言います。「獅子は我が子を千尋の谷に落とす」ということわざは、大切な子を深い谷に投げ落として、這い上がってきた子のみを育てるというスパルタ教育のこと。獅子とは古い中国の幻獣ですが、モデルになったライオンを検証してみましょう。千尋とは古単位で1800メートルに相当します。地球上で最も深い谷は北米のグランドキャニオンで、その深さは1600メートルです。まず千尋クラスの谷を見つけるのが大変ですが、いくら多産のライオンでも、毎回子ライオンを谷に落としてしまったら、アッと言う間に絶滅してしまうでしょう。

ライオンをはじめとしたネコ科動物は空中で姿勢を制御できるので、落下に関してはほかの動物よりも得意です。ネコがマンション19階から落ちて無傷だった例もあるほどです。ライオンは、ネコ科では唯一、群れに「お父さん」と呼べるオスが存在していて、子どもと同居して成長を見守ります。やんちゃな子どもたちを叱ることはなく、とにかく自由に甘やかせて遊ばせます。仮にちょっとした段差にでも落ちようものなら、全力で飛んでいく、ちょっと過保護なお父さんです。

追加の処方箋

繁殖地が北極圏のカオジロガンという鳥は、120メートル以上の何もない岩の頂上という危険な場所に巣を作ります。彼らには「獅子は我が子を……」のごとく、孵化して飛べない幼羽を地面に向かって落とす生き残るための通過儀礼があります。

子供が落ちこぼれないか心配です。

（36歳・女性）

では、処方箋は

アネハヅル

になります！

おくすり手帳

アネハヅル *Anthropoides virgo*

ツル科では小型で全長90センチ。チベット高原などで繁殖し、インドやアフリカ北東部などで越冬する。日本にもまれに迷鳥として飛来する。

見捨てない、見放さない教育のプロ動物をどうぞ！

動物社会では弱いものは無慈悲に淘汰されると思い込んでいる人がいますが、実はそうでもありません。厳しい自然環境では結果的にそう見える場面もありますが、例えば群れで陸上を移動する動物種では、傷ついたり病気のものが仲間にいれば、歩くペースを少しゆるめたり、休憩を多くとってあげたりすることがあります。自分自身も生死がかかるなかで、彼らなりにやれることで気づかいをしているのでしょう。

毎年数千キロを飛んでくる渡り鳥は、どのようにして渡るのかなど、メカニズムに謎が多い動物です。Ｖの字型の編隊飛行は空気抵抗が最も小さくなる飛行方法ですが、先頭は最も風の影響を受けてエネルギーを浪費してしまいます。そのため、編隊の先頭は、群れの仲間で順番に交代しています。そして飛行中に「ガー（ファイト！）」と鳴くと全員が呼応して声をかけて励まし合います。

アネハヅルには、低地からエベレストを超えて渡りをするものがいます。乱気流と低酸素・低温で若い個体は挫折して脱落することがあります。その度に全員で引き返して何度でも励まし合い、１羽の脱落者も出すことなく、エベレスト越えを成功させて、旅を始めます。

追加の処方箋

オオカミやリカオンなど、優秀なリーダーが教育する社会性動物では、狩りが苦手な個体や病気や老いで動けないものに無理強いはさせません。そして成績や労働に見合った報酬ではなく、狩りに出ていない個体もちゃんと食事にありつけます。

子供が不良グループで悪い遊びを覚えます。（40歳・女性）

では、処方箋は

イルカ

になります！

おくすり手帳

イルカ Odontoceti

〝遊び〟が確認されている動物は限られているが、イルカはそのひとつ。狩りの練習や仲間との絆を深めるなど、様々な理由が考えられる。

悪い遊びをする動物をどうぞ！

動物に不良っているのでしょうか？　います、すごくいます……。動物ごとに掟というか暗黙のルールがあるのですが、それをワザと冒してスリルを楽しんだり、ライバルや上位者を挑発したり、勝手な行動をとったりする、ならず者がいます。サル、オオカミ、ライオンの群れの若いオスにもたまにいて、普通は警戒して近寄らない人間の生活圏などに行きたがり、新奇なものに手を出したりします。

彼らは群れの規律を乱すものの、図らずも斥候のような役割をすることになると、領地を広げたり、新しい食べ物を見つけたりなど群れに貢献できることもあることから、種としての「不良枠」のようなものが、どの動物にも一定の割合で許容されているのかもしれません。

人間から見てわかりやすい不良動物がいるのは、認知能力の高い哺乳類です。イルカは知能の高い動物として知られていますが、フグが猛毒を持つことをわかっていながら、そのフグをわざと怒らせて膨らませ、ボール代わりにしてキャッチボールをして遊びます。さらにフグを甘噛みして毒を少量含み、その毒でもうろうとトリップして遊んでいるようなイルカも確認されています。

追加の処方箋

ナキウサギは、エサがなくなる厳冬に備えて、勤勉に秋から草をせっせと貯蔵していきます。しかし不良のナキウサギもいて、ウソの警戒音を鳴いて家主を遠ざけ、その間に空き巣に入り、勤勉に貯蔵したエサを窃盗します。

お前のやることはサルと同じとバカにされました。（18歳・男性）

では、処方箋は

チンパンジー

になります！

おくすり手帳

チンパンジー *Pan troglodytes*

アフリカ中部の熱帯雨林などに生息。20 ~ 50頭ほどの複雄複雌群を作る。野生でも石器などの道具使用行動が確認されている。

人間と大差ない動物をどうぞ！

広義で考えれば人間はサルと同じ霊長類なので、「サル」と呼ばれること自体は間違いではありません。人間の進化は謎が多いため、現生で最も人間に近い動物を調べることで、謎が解明されていくだけでなく、動物の能力の理解にも驚くべき結果がもたらされています。

チンパンジーがしゃべれないのは、知能の問題ではなく、喉や舌の構造が違うからです。彼らはうなり声のような発音しかできませんが、人間が使う言葉を理解できないわけではありません。イヌやほかの動物でも言葉と合わせて芸を覚えさせることができますが、彼らは言語を理解しているのではなく、相手が何を欲しているのかを、空気を読んで推察しているだけなので、チンパンジーのそれとはコミュニケーションの深さがずいぶん違います。特にチンパンジー、ボノボ、ゴリラの研究では、人間の言語を覚えさせて、人間の言葉で問いかけて、人間の言葉でパソコンなどを通して答えさせる「対話型」の知能実験ができる点が、ほかの動物と異なります。こうした実験では、彼らの数学的な能力や図形認識など学問への理解度がわかるだけでなく、ジョークを言えるのかや、死生観を語ったりもするかなども調べられます。

追加の処方箋

チンパンジー、ゴリラ、オランウータンのなかではチンパンジーが最も賢いと誤解されがちですが、違います。チンパンジーは実験がしやすいため研究結果が多いだけです。個々の動物の性格でも、知能の実験結果は大きく変わってきます。

あきらめが早過ぎるって言われます。（31歳・女性）

では、処方箋は

オオカミ

になります！

おくすり手帳

オオカミ *Canis lupus*

雌雄のペアが最上位となり、一般的には４～８頭ほどの家族中心の群れを形成するが、血縁のない個体も群れに受け入れることがある。

あきらめの早い動物をどうぞ！

狩りの成功率は百獣の王ライオンでも2割程度です。ネコ科ではチーターの成功率が高く、4割近いですが、ハイエナやライオンに横取りされてしまう確率が高いので、必ずしも満足な量を口に入れられるわけではありません。

イヌ科は洗練された組織力を活かした狩りを行うため成功率が高く、特にリカオンは8割近い成功率です。入念に地形などの下調べをして、獲物を追い込む勢子役と、獲物を仕留める狩子などの役割分担が決まっていて、どこで誰が獲物を追い込んで仕留めるか、サッカーのポジショニングやフォーメーションのように流れるような作戦が遂行されていきます。ただし、成功率が高い一方で、群れなので単独で狩るよりも分け前は少なくなってしまいます。

オオカミは、攻撃力、スタミナ、メンタル、戦術など、ハンターとしての能力が図抜けて高い動物です。同じイヌ科のリカオンと同様に、下調べの「予習」をこつこつ行います。欠点がないかと思いきや、実は大事な問題を抱えています。単独性のトラやヒョウのように、チャンスがあれば即襲うネコ科に対して、オオカミのリーダーは、条件が悪いとすぐに作戦中止し、あきらめてしまいます。

追加の処方箋

イタチは肉食動物でありながらも、生態系の頂点ではありません。小動物を襲う立場でもあり、自分よりも大きな肉食動物や猛禽類に襲われる立場で、生態系の中間管理職のような存在です。だから地形の下調べなどの努力は誰よりもやっています。

おばあちゃんがいろいろと教えたがります。

（31歳・女性）

では、処方箋は

ゾウ

になります！

おくすり手帳

ゾウ Elephantidae

ゾウのコミュニケーションは、鳴き声の音声以外にも。鼻を使ったスキンシップで気持ちを仲間に伝え、親は子ゾウを鼻でハグしてかわいがる。

おばあちゃんがえらい動物をどうぞ！

おばあちゃんから教わる生活の知恵を「おばあちゃんの知恵袋」と言います。自然界では親子3代が同居して暮らす動物は多くありませんが、ゾウは長寿なので、おばあちゃん、お母さん、孫の3世代で群れを構成しています。ゾウのオスは平時は単独で暮らしていて、繁殖期に交尾をしたら去ってしまうので、お父さん的な存在は群れにはいません。ゾウの群れのリーダーはおばあちゃんで、群れの運命はこのおばあちゃんにかかっています。

ゾウは十代前半で性成熟して、十代後半くらいには大人らしく振る舞えるようになり、健康で事故や災害に遭わなければ70歳くらいまで生きます。これは人間の歳の取り方に似ており、出産年齢もよく似ています。トラやライオンも、よほどのことがないかぎりゾウは襲わないので、絶対的な天敵もいません。女系家族の群れで、血縁以外のメスも群れに受け入れる寛容さがあります。そういった判断はすべて年長のメス……つまりおばあちゃんゾウが判断しているのです。まさに生き字引で、季節ごとの危険なもの、長旅の移動ルート、おいしい食べ物、女子会の楽しみ方など、何でも知っているので、世話焼きな群れの精神的柱になっています。

追加の処方箋

ゾウは知能が高いので、心配性な動物です。誰かの不安や緊張が周りに伝わると群れ全体の落ち着きがなくなります。初産のゾウがいる群れはみんなソワソワ落ち着かなくなりますが、応援しているようにも見えます。

娘が家事を手伝いません。

（36歳・女性）

では、処方箋は

ナマケモノ

になります！

おくすり手帳

ナマケモノ Folivora

サルのように見えるがまったくの遠縁で、アリクイなどの仲間。哺乳類でありながら変温動物的な生理で、代謝を下げて省エネに暮らす。

母親の背中を見て育つ動物をどうぞ！

動物が生きるために即時必要な行動は、「本能」にプログラムされていて、誰かから学ぶ必要はありません。一方で、急ぎではないが重要な行動は、独習を含めた「学習」で習得しています。どの行動が本能か学習かをきれいに分類できるわけではありませんが、学習で習得できる行動には、自由度があり、教え方、教わり方には学びの多様性があります。自然界は不測の事態の連続なので、種の危機を乗り越えるのに、学びの多様性のどれかが使えるカードとして効いてくるのかもしれません。チーターやヒョウは、親から狩りの仕方を教わらなくても、上手に狩りができるようになりますが、ネコ科は教育ママが多いので、つきっきりで狩りのお手本を見せたり、やらせたりして教習します。

ナマケモノは、サルに似た生活をしていますが、まったくの遠縁です。変温動物のように代謝を低くすることで動かずに生きのびる戦略に賭けた種で、1日葉っぱ1枚でオーケーという驚異の省エネ動物ですが、なんと家系ごとに好みの樹木の葉が異なる、こだわりものです。好きな樹木がある地区がなわばりで、よそ者には譲らず、母親はしっかり子どもに好みの味を引き継がせます。人間で言う「おふくろの味」みたいなものですね。

追加の処方箋

16世紀の大航海時代の博物学者は、ナマケモノがエサを食べている姿を見たことないため、風から栄養を得ていると考えていました。排便も週に1回程度で、しかも夜明け直前に木から下りてするので、動物園でもその光景はなかなか見られません。

難しいことが苦手です。

（29歳・男性）

では、処方箋は

ダンゴムシ

になります！

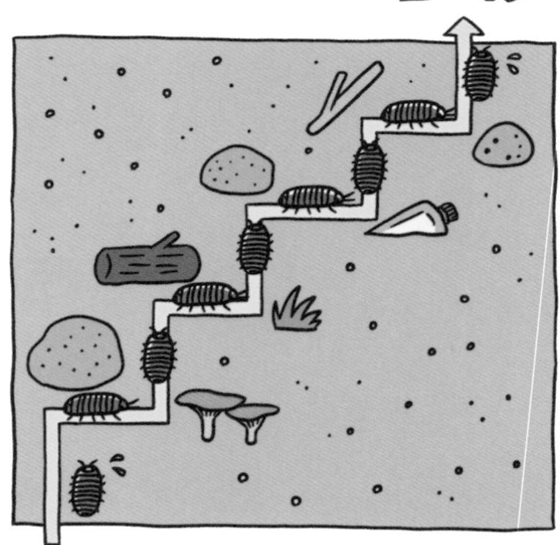

おくすり手帳

ダンゴムシ　Armadillidiidae

落ち葉を食べて分解し、豊かな土壌づくりに貢献しているため、生態系において分解者・還元者として重要な役割を担っている。

交替性転向反応をする動物をどうぞ！

自分ができないことができる相手は、一見、賢そうに見えますが、必ずしも知能が関係するものばかりではありません。例えば、クモの巣の形状や造網する技術は、人間なら理系大学の数学科や建築学科レベルでないと、理論的に説明するのは難しいでしょう。もちろんクモたちは数学的なロジックを考えながら造網行動を行っているわけではありません。身体の容積の制限がある外骨格の虫では、人間のように脳を大型化することができず、十分な酸素を送る循環器系もないなど、〝考えて〟行動をするには障壁が数々あります。しかし彼らは、脳での処理が少なくて済むよう、複雑な一連の行動のプログラムがセットしてあり、考えずに機械的に行動できます。だから小さな虫でも、人間が驚くような高度なことをやれるのです。

ダンゴムシは、複雑な迷路を抜け出す方法として交替性転向反応を使います。何とも難しそうな学術用語ですが、いたって簡単な行動です。要は壁にぶつかるまで直進し、ぶつかると右、次の壁で左と、交互に左右2択でひたすら直進をくり返し、迷路を〝確率的〟に抜け出そうとする単純で最も原始的な本能行動です。この方法で、ダンゴムシは学習能力を一切使わずに3億年生きてきたのです。

追加の処方箋

サルに道具使用が思いつくかを調べる実験で、棒を使わないとエサが取れない仕掛けを作ったところ、棒を使いこなすサルが現れました。それだけでなく、次第に発明家ザルが棒でとったエサを横取りする機会を謀るサルが群れに現れたそうです。

お腹が弱い息子……心配です。（40歳・男性）

ヒョウ

になります！

おくすり手帳

ヒョウ *Panthera pardus*

アフリカ大陸、ユーラシア大陸南部に生息。神経質で用心深く、単独で人目に付かないよう生活している。獲物は樹上に隠す習性がある。

胃腸の調子を整えるのが上手な動物をどうぞ！

近年、医学が目覚ましい進歩を遂げていますが、21世紀に入っても突然世界的なパンデミックが起こるなど、医学の道には終わりがないことを思い知らされました。ところで医者のいない動物たちは、病気の予防や治療はどうしているのでしょう？　また、人間から見ると食べ物の好き嫌いが多いように思いますが、病気にならないのでしょうか？

まず、ケガに関しては舐めて対応します。傷口をキレイにすることは大事で、唾液には抗菌作用もあり、傷口ができるだけ化膿しないように自分で手当てをしようとします。また、多くの動物は土をサプリメントや薬として食べます。土には食べ物からは得られないミネラル（塩など）があるので、少し口にします。チンパンジーは寄生虫の虫下しに効く葉を食べて胃腸を整えます。

ヒョウなどのネコ科は、肉食動物でありながら時々草を食べます。これは栄養面とは関係ありません。肉食動物が獲物を食べると、獲物の消化されない毛や自分の口の周りの毛が胃に溜まっていくため、イネ科のような長い葉を食べて胃のなかの毛に絡ませて、それを吐き出して胃をキレイにします。だから、草を食べるヒョウは病気ではないのです。

追加の処方箋

肉食動物が肉しか食べていないのに栄養が偏って病気にならないのは、草食動物の肉や脂肪のほかに、血液や肝臓などに含まれるミネラル分も一緒に口にすることで、間接的に植物性の栄養を摂取しているからです。

塩をなめる動物たち

人間の熱中症予防として、最近はちょっと塩辛い〝塩飴〟などを摂るのが流行っています。一方で動物たちは熱中症予防ではなく、生きるために塩を摂っています。塩分などのミネラル類は、必要量としては微量で十分ですが、なくなると病気になったり、死に繋がったりします。哺乳類の血液塩分濃度は０・９％。これは一般的においしいと感じる味噌汁とだいたい同じくらいです。肉食動物は、獲物の血液や肝臓などから塩分などのミネラル類を摂取しているため、塩分多めの食生活になっていますが、不要な塩分は尿から排出できる生理になっています。

一方、草食動物は、植物からは必要な塩分を摂取することができません。野生の草食動物は、塩分の多い土をときどき食べたり、風雨で岩などに付着した塩類をペロペロなめて塩分補給しています。動物園においても、例えばニホンザルのサル山の一部に土食い行動用のゾーンを作ったりすると、土をつまんで食べる姿がよく見られます。ウシの仲間など有蹄類には、鉱塩というレンガ色をした塩のブロックを与えます。これは家畜用に昔から市販されているもので、ヤギやヒツジからキリン、シマウマまで草食動物は大好きで、丸い穴を空けながらなめるのです。

Chapter 7

性の悩み

おちんちんが小さいのがコンプレックスです。（19歳・男性）

では、処方箋は

サバンナモンキー

になります！

おくすり手帳

サバンナモンキー *Chlorocebus pygerythrus*

ベルベットモンキー、ミドリザルなどの異名を持つ。アフリカのサバンナに生息。一般的には30頭ほどの複雄複雌の群れを作る。

アソコに装飾をほどこした動物をどうぞ！

動物の性行動はユニークなものばかり。ヒトやボノボのように、繁殖目的から絆を深めるコミュニケーションの行動に転位したことの方が異例なので、動物の性行動は我々とは目的や感覚がかなり異なります。例えば、我々が正常位と呼ぶ体位は実は〝異常〟で、動物では後背位が一般的です。これは、オスの外部生殖器をメスの膣口に挿入する行程と射精までの時間が完全に無防備になるため、天敵やライバルの接近に警戒ができたり、危険に対して逃避行動に移りやすい最も合理的な姿勢が後背位のためです。

ところで人間の男には、自分のモノが小さいと劣等感を抱いたり、銭湯で敗北感を感じる人がいます。* しかし自然界では、メスが陰茎の太さや長さを品定めして交尾相手を選んだりする動物はいません。ただし陰茎ではなく陰嚢を品定めする動物はいくつかいます。アフリカのサバンナモンキーは地味な体色ですが、オスの陰嚢だけ美しいスカイブルーの色をしています。おまけに少し顔を出している亀頭が、まるで宝石のルビーのようです。メスにとって陰茎はあまり重要ではありませんが、陰嚢は健康な精子をつくれるか否かに関わる大事な判断要素です。

＊筆者のことではありません。

追加の処方箋

ネコ科動物は交尾排卵という方法で繁殖するため、1回の交尾では妊娠しません。膣内の刺激を受けて排卵が始まるので、オスのペニスにはかえしのようなトゲがあり、痛みで刺激を増幅させます。

変態性癖があるのですが……。

（43歳・男性）

では、処方箋は

ボノボ

になります！

おくすり手帳

ボノボ *Pan paniscus*

アフリカ中部に生息。チンパンジーに似ているが、形態や社会構造が異なる。繁殖以外のコミュニケーションとしての性行動を発達させている。

性の極意を極めた動物をどうぞ！

動物は季節や条件がそろうことで、繁殖モードのスイッチが入ります。しかし、ペアになればすぐに交尾を始めるわけではありません。

動物園においては20世紀後半から、野生下の哺乳類を捕獲してくるのではなく、動物園同士で交換しながら飼育下で繁殖させ、存続させる試みが続けられていますが、なかなか難しいのが現状です。特にチンパンジーやゴリラといった類人猿、そして我々ヒトは、脳の学習領域を広げる代わりに本能を司る領域を犠牲にして進化してきたことから、性行動がほかの動物に比べて下手くそです。動物園育ちの類人猿では、群れの仲間の繁殖行動を見て学習しないと、上手に交尾ができないことがあります。

ところで、ボノボには挨拶代わりに交尾をしたり、メス同士で性器を擦り合わせる「ホカホカ」という挨拶行動や、オス同士が勃起したペニスを重ね合う「ペニスフェンシング」という挨拶行動があります。ヒト以外の動物では珍しく、見つめ合う体勢（対面位）で交尾することもあります。なお、ボノボは性に関して共有しているだけでなく、食料も独占せず皆で共有するなど、争いのない平和を好みます。

追加の処方箋

野生動物は本能を制御できないかのような描写がしばしばありますが、レイプ型の交尾をする動物は圧倒的に少数派です。メスが誘いかけをしたり、オスを選ぶ決定権はメス側にあるケースが多く、フラれたオスは即時退散します。

好きな気持ちに性別は関係ありますか？

（19歳・男性）

では、処方箋は

ゴリラ

になります！

おくすり手帳

ゴリラ Gorilla

最大200キロを超えるオスの成獣は現生霊長類最大。一方でペニスのサイズは3センチと、霊長類のなかでもかなり小さい部類となる。

愛に傷つきやすい動物をどうぞ！

動物に同性愛はあるのでしょうか？　身近な生き物のカタツムリを見てみましょう。陸にすむ巻貝で、1つの個体に精子と卵子の両方を作る能力がある雌雄同体です。足は遅いですが、歩いた後にフェロモン入りの粘液の〝足跡〟を残すことで、他個体と出会う確立を高めています。そして2匹が出会うと極めてエロティックで長い前戯があります。動揺『かたつむり』には「角出せヤリ出せ～♪」という歌詞が出てきますが、このヤリとは「恋矢（Love dart）」と呼ばれる棘状の生殖器のことではとも言われています。交尾のときにはこの恋矢で互いを突き刺して刺激し、オス役が決まると陰茎をメス役の生殖孔に挿入して、精子入りのカプセルを相手の体内に入れて受精させます。相手が見つからなければ自家受精も可能ですが、その場合は産卵数や孵化率が著しく低下します。

一方、我々に近いゴリラは、繁殖能力のあるオス1頭と複数のメスのハーレム型の群れを作ります。すると、群れを作れなかった若い繁殖能力のあるオスがあぶれてしまい、そういった若オスたちが一時的に緩い関係で集まって暮らすことがあります。性的な行動が目的ではないようですが、まるで慰め合うかのように優しい期間を過ごします。

追加の処方箋

シカは繁殖期にゴリラに似た一夫多妻のハーレムを作ります。繁殖の期間が限られているため、あぶれたオス同士が交尾をしようと互いの背中にマウントすることがあります。同性どころか、ほかの動物や岩にマウントすることも。

女装するのが趣味です。

（28歳・男性）

では、処方箋は

イルカ

になります！

おくすり手帳

イルカ　Odontoceti

イルカの雌雄判別は、オスは腹部に生殖溝と肛門のスリットが縦に２本並び、メスは１本に見え、両脇に乳首がある。交尾の前戯も多様で時間をかける。

女装を巧みに使いこなす動物をどうぞ！

動物のなかには、オスとメスがそっくりのものと、形や大きさが極端に違うもの（性的二形）があります。もっとも〝そっくり〟というのは人間目線なだけで、彼らのなかでは識別するポイントが何かあるはずです。ちなみに動物園では、鳥類の一部は血液中の性染色体を調べないと雌雄が判別できないものもいるほどです。また性転換するものもいるので、外形だけで判断すると間違うこともあります。

一方、カブトムシやクジャク、ライオンなど、雌雄の見た目がまるで違うものもいます。ゴリラやオランウータンのように、オスとメスで2～3倍ほど体重差があるものもいます。こういった性の進化はまだまだ議論の余地が多く、サイエンス・ミステリーのひとつと言えます。

見た目だけでなく、性による行動の違いを応用する動物もいます。例えば若いイルカは、新しい群れに加入したいと不用意に近づくと、優位のオスに激しく攻撃されたり、いじめられたりします。そこで近づくためにとるのが、背面泳ぎの姿勢です。これはメスが交尾を受け入れる姿勢なので、相手の警戒心を解くために、メスのようなしぐさを模倣していると考えられています。

追加の処方箋

ユーラシア北部で繁殖するエリマキシギでは、集団求愛場……いわば合コンパーティ会場が決まっています。オスは派手な装飾羽と求愛ダンスでアピールしますが、なかにはメスと同じ容姿でメスに近づき、交尾を成功させるオスもいます。

パートナーが早漏なんです。（19歳・女性）

では、処方箋は

ムササビ

になります！

おくすり手帳

ムササビ *Petaurista leucogenys*

齧歯目リス科の日本の固有種。モモンガより大きい滑空動物。冬と初夏の年２回発情期がある。妊娠期間は平均 74 日で、産子数は１～２頭。

〝オレの女〟感が強い動物をどうぞ！

交尾中は、動きにくい姿勢で無防備な状態になるので、命のリスクを考えればオスの射精は早い方が安全でしょう。しかしながら、誰でも簡単に交尾・受精ができてしまうと、「何らかの生存に有利な形質を得る」という有性生殖のメリットが半減してしまいます。だからメスは、オス同士の決闘の勝者を選ぶとか、複雑な求愛ダンスの出来を審査するとかの、仮想〝前戯〟にあたるもので、オスの優秀さを試しています。一方、オス目線で考えると、立て続けにメスがほかのオスと交尾してしまうと、自分の精子が受精する確率が下がってしまいます。

これに対してセイウチは60センチもある陰茎骨で勃起状態を持続させ、数時間にわたり挿入することでライバルを阻み受精率を高める戦略をとっています。イヌのペニスはコイタルロックという構造でメスの膣内から一定時間抜けないようにします。ミツバチのオスは自分で回転してペニスをねじ切り、ほかのオスと交尾できないよう栓をします。ムササビは交尾をすると精液が固まり、メスの膣に交尾栓ができてほかのオスと交尾をさせないようにします。オスのペニスは栓抜きのような形をしており、ほかのオスの交尾栓を抜ける仕様になっています。

追加の処方箋

ウサギは動物界きっての早撃ちです。繁殖力が非常に高く、動物園やペットショップでも必ず雌雄を分けて飼育しています。ちょっと目を離した隙に交尾するので、男性誌『プレイボーイ』のロゴになっていることも有名です。

いわゆる草食系男子で、異性に興味がありません。

（19歳・男性）

おくすり手帳

シカ Cervidae

ニホンジカはオスにのみ角があり、メスおよびライバルに対して強さをアピールする道具となっている。春先に毎年落角して生え替わる。

実は性欲旺盛な草食動物をどうぞ！

一時の流行語にもなった〝草食系男子〟。マッチョで男っ気フェロモンがムンムンな人とは対局で、中性的なファッションでモテないわけではないのに異性に執着が薄い人のことを言います。まるで無害な草食動物のようなイメージからそう呼ばれるようになりましたが、本当に草食動物は無害で性欲がないのでしょうか？

その前にまず肉食動物を見てみましょう。肉食動物の性行動はとても神経質で、場所や環境が変わると性行動をしなくなってしまうことがあります。言い換えれば〝ムード〟を重んじる性行動で、メスに拒絶されるとすぐに萎えてしまいます。そんな内面も相まって、現生の肉食動物は9割が絶滅の危機に瀕しています。また、ライバルとの直接対決もできれば避けたいのが肉食動物。一方、草食動物はメスのために本気の決闘をする強いメンタルを持ちます。シカはライバルに角を向け、加減せずに突っ込みます。澄ました表情をしていますが、発情したオスは数日食事を忘れるほどピリピリしてイキっており、チャンスがあればいつでもどこでも交尾し、短期間で指数関数的に数が増えていきます。それもあってか、現在地球上で最も繁栄している哺乳類が有蹄類などの草食動物です。

追加の処方箋

シカはその性行動の激しさから、古来より精力剤の薬としてあやかられ、鹿角は「強精剤の王様」と言われてきました。薬の原料となるのは袋角ですが、これは生え替わった角の再生途中のもので、この頃のシカは一切の性行動をしません。

オナニーは身体に悪い？（14歳・男性）

では、処方箋は

ゴリラ

になります！

おくすり手帳

ゴリラ Gorilla

　動物園のゴリラは、野生と同じ単雄複雌群を再現するのが難しいため、繁殖が極めて難しい。また野生でも無精子症が高い頻度で見つかる。

奥ゆかしい恥じらい動物をどうぞ！

オナニーを覚えたサルは死ぬまでやり続ける、という噂がありますが、そんなことはありません。日本のように季節の環境変化が大きい場所に生息する哺乳類は、繁殖期という特別な期間を設けて、ホルモン作用で生理が劇的に変化します。例えば、真冬の寒さ厳しい季節に出産することは母子共に死のリスクが高まるため、そういった季節に出産が重ならないようプログラムされています。よって季節性繁殖をする動物は、繁殖期以外は性的なものに一切興味を持ちません。気温が温暖で食べ物が芽吹く春などに出産できるよう、妊娠期間を逆算した時期が、発情期として動物ごとに設定されています。

高等動物――特に哺乳類の一部では、性行動など本能的に大事な部分が削られて、学習で補うようになっているものもいます。そのため片思いや軽いストレスなどがきっかけで、マスターベーションを始める個体がいます。

ゴリラは一年中繁殖が可能なため、自慰が比較的よく見られる動物です。飼育下ではメスの方の頻度がやや高く、性器や乳首を奥ゆかしく少しいじります。もしかすると、ゴリラのオスは奥手で性欲があまりないのと関係しているのかもしれません。

追加の処方箋

飼育下のチンパンジーやゴリラは、群れで飼育していても、飼育担当者に恋をすることがあります。人間と同様、好みや自慰の有無、方法などは個体によって様々で、決まった特徴はありません。

自分の体臭が気になります。

（17歳・男性）

では、処方箋は

ジャコウネコ

になります！

おくすり手帳

ジャコウネコ Viverridae

ジャコウネコは、ネコと名がつくもののネコの仲間ではなく、原始的な肉食動物のグループ。性器のまわりに臭腺（会陰腺）がある。

体臭が人気の動物をどうぞ！

強烈な体臭を「けもの臭い」と表現することがありますが、普通の動物は全身に汗をかかないので、身体を洗わなくてもそれほど不潔にはなりません。つまり、動物のけもの臭さは汚れが原因ではなく、臭腺により能動的にニオイを発しているものが大半です。哺乳類の場合はフェロモンなどが含まれていて、性的な意味合いが強いものになります。

クマのオスは木の幹に背中を擦り付け、臭いをしっかり残してマーキングします。イヌは肛門の横に臭腺があり、誰かがオシッコをした後に被せるようにマスクしていくので、同じ電信柱がどんどん臭くなっていきます。バイソンは自分が放ったオシッコの上に転がり、まるでオーデコロンかのように塗りたくってメスに近づいていきます。ゴリラは人間と同じく腋にアポクリン腺があるので、酸っぱいニオイのワキ臭を放ちます。なお、これは声や表情ではあまりコミュニケーションをとらないゴリラが異性に対してドキドキしたときの心理を伝えるツールになっています。ジャコウネコの分泌物の原液は強烈なけもの臭ですが、数千倍に希釈すると甘く上品な香りになり、高級香水にも使われているほどです。

追加の処方箋

人間にも動物的な部分が残されています。残り香でそこにいない人の存在を感じるのはそのためです。また好きな人のニオイは異臭でも良く感じ、嫌いな人のニオイは例え香水でも嫌悪感を抱き、記憶と複雑に関係しています。

ドMなんです。
（48歳・男性）

では、処方箋は
チョウチンアンコウ
になります！

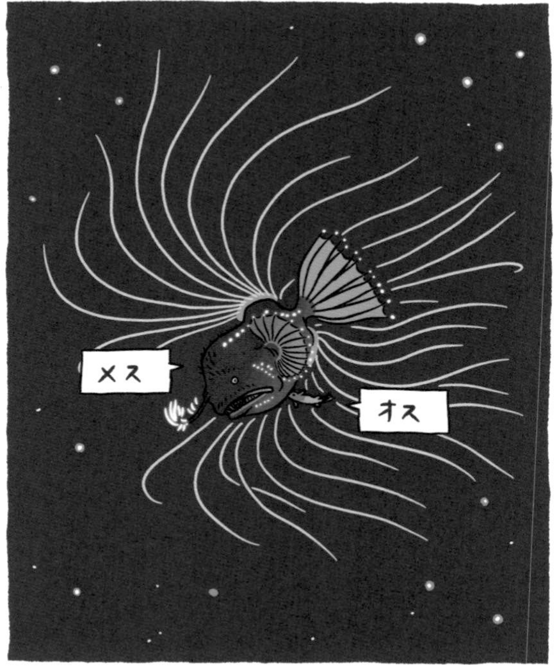

おくすり手帳

チョウチンアンコウ Himantolophus

深海魚であるチョウチンアンコウの仲間は160種ほどいる。最初の発見から180年ほど経つが、捕獲や標本化が難しく未解明な部分が多い。

メスに身を捧げる動物をどうぞ！

現代の価値観で言うと、動物社会においてて、暴力的に当たり散らすようなハラスメントは、オスからメスに向けたものの方が多いように思います。例えば、ライオンのオスは群れを乗っ取るとき、前のボスの子ライオンを1頭ずつ惨殺する様子をそれぞれの母親に見せつけ、群れを支配していきます。また、ヒグマのオスでは、つれないメスに対して、そばにいた別のメスを惨殺し、恐怖で交尾を許容させるかのような行動が少数事例観察されています。一方、群れでメスが上位を占めるハイエナやミーアキャットでは、メスが劣位のオスに執拗なハラスメントをすることはないようですが、さらなる詳細な観察事例が蓄積されれば、新しい動物像ができあがっていくことでしょう。いずれにしても直接的な暴力だけでなく、心理面においてもオスの気性の荒さを表す事例は多いようです。

そんななかチョウチンアンコウのオスはほかの動物と一線を画しています。チョウチンアンコウの仲間は体長がメスの1／10以下で、交尾前に（？）メスのお腹に食い付くと外れなくなり、メスの皮膚と同化していきます。生きたまま脳や内臓は退化して吸収され、神経もメスと直結し、精巣だけが残ってメスの生殖道具と化します。

追加の処方箋

カマキリのオスは交尾中、メスに食べられてしまいます。脳に相当する神経系が頭と腰部にあり、オスの性行動において頭はブレーキ、腰はアクセルの役目を持ち、頭を食われることで性行動が暴走する仕掛けになっています。

テクニシャンって言われたい。（26歳・男性）

では、処方箋は

ヤマアラシ

になります！

おくすり手帳

ヤマアラシ Hystricomorpha

毛が硬質な長い針のような防衛兵器に進化した齧歯類。現生ではヤマアラシ科とアメリカヤマアラシ科の２つのグループが存在する。

交尾のテクニシャン動物をどうぞ！

ヤマアラシ

「マウントをとる」という言葉は、人間では自分の方がすごいことを自慢したり、優位性をチラつかせるような場面で使われています。語源となる「マウント」は動物行動学用語で本来は交尾姿勢を表すもので、単純に上がオスで下がメスという位置関係を示し、その行動に優劣のような意味は含まれません。なお、社会構造で順位制をとるニホンザルでは、この姿勢が転じて順位の優劣を確認する行動になり、上が優位という意味になります。メスのなかには上位のオスにすり寄って自分の順位を上げようとするしたたかな個体もいて、このときのオスは形式的にマウントをして、メスの気持ちを静めます。これは交尾とは異なり、ペニスの挿入などはありません。また、ゾウのマウントは命がけ。メスは5トン以上のオスをマウントさせなくてはならない大仕事。これは飼育下でゾウの繁殖が難しい理由のひとつと言えます。

マウント上手、床上手なのはヤマアラシ。硬質素材でできた鋭い針毛は、死角になる背後が特に太い針の密度が高く、交尾の難易度は最高レベルです。オスはペニスだけ潜り込ませられるよう仁王立ちで、メスも針を跳ね上げて刺さりにくくしますが、たまに少し刺さってしまいます。

追加の処方箋

多くの哺乳類は交尾行動を短時間で済ませようとしますが、オランウータンは前戯に40分以上かけることもあるようです。一方でレイプ的な行動も確認されています。彼らは単独性なので、夫婦の絆とは関係ないようです。

麻酔銃を使え!?

治療や逸走（脱走）トラブルにおいて動物を不動化するために、何でも「麻酔銃を使えばいいじゃん！」と考える人は少なくないでしょう。まず、麻酔銃も実銃なので、使うには警察への届け出と使用許可が必要になります。加えて麻酔薬を扱える資格が必要になるので、通常は園の獣医が申請することになり、それ以外の動物園の職員は銃に触れることすら許されず、銃の保管場所も限られた人にしか知らされません。また、麻酔薬の入った注射器状の矢はガスによって発射されますが、射程距離は20メートル程度です。よって、猛獣の逸走の場合は、かなりの熟練者でないと当たりませんし、1発勝負なので、外れればほぼ間違いなく猛獣は反撃しようと射手を襲ってきます。当たっても麻酔が効くまでの時間もあり、いずれにしても危険な作業になります。開園中であれば来園者などがいるため、銃を向けることができる方向も限られてしまいます。

逸走などのトラブルではなく、普段の傷病治療ではどうでしょうか。動物園では麻酔は使いますが、麻酔銃は使いません。なぜなら麻酔銃自体に威力がありすぎるので、サルくらいなら打ち抜いてしまうか、衝撃で死んでしまう危険があるからです。そこで治療に麻酔が必要な場合は、閉園後に、息で威力を調節できる吹き矢を使います。

老いと死の悩み

老いるのが怖いです。（42歳・女性）

では、処方箋は

フラミンゴ

になります！

おくすり手帳

フラミンゴ Phoenicopteridae

　長い首、長い脚、曲がったクチバシが特徴の水鳥。鳥類では珍しく、ミルクを分泌して口からヒナに与える。寿命は60年以上。

美を保ち続ける動物をどうぞ！

野生の動物の多くは、寿命ギリギリまで産卵や出産ができます。逆に言うと、産卵や出産ができなくなった頃が寿命です。ところが人間は、女性なら閉経して子供を作れなくなってからの期間がとても長い動物です。子供を産める期間と閉経後に生きられる期間がほぼ同じと言うことは、生物的に子孫を残すという使命以上の大切な何かができる期間があるとも言えそうです。多くの動物では、そのような期間はありません。老いに限らず、様々な理由で子供を残さなくても、居場所や生き甲斐を見つけることができるのが人間の特長なのでしょう。

ところで鳥に〝老い〟はあるのでしょうか？　哺乳類であれば、毛並みが悪くなったり、腰が曲がったり、動きが鈍くなったりすることがありますが、鳥類は見た目から〝老い〟を見極めるのが難しい動物です。例えば、羽毛は常に生えかわるので、若い鳥も老いた鳥もほとんど見た目は変わりませんし、わりと寿命ギリギリまで産卵することができます。しかし飛んで移動ができなくなると、エサがとれず衰弱が早まり、天敵に襲われやすくなります。彼らは老いの期間が短い代償として、死への恐怖が大きいのかもしれません。

追加の処方箋

フラミンゴは、飼育下で60年以上生きるものも珍しくありません。足環をしているので個体管理や年齢に間違いはないのですが、色や動きから高齢のフラミンゴを当てるのは、人間にはほぼ不可能です。

体の自由が効かなくなり、人に迷惑をかけないか心配です。（70歳・女性）

では、処方箋は

シャチ

になります！

おくすり手帳

シャチ *Orcinus orca*

大型のハクジラの仲間。世界の海に生息するが冷たい海を好む。寿命は約70年。狩りの戦術に優れているので「海のギャング」と呼ばれている。

介護福祉の精神を理解している動物をどうぞ！

子供、障害者、老人のような、社会的な弱者を助ける利他行動は動物にもあるのでしょうか？　人間の近代社会のように福祉システムがあれば、血縁関係のないものでも何かしら助けるシステムを構築することは可能でしょう。しかし、動物社会では自分自身も生きぬくことが厳しいので、他者の面倒を見るということは、我々が考える以上に容易なことではなく、利他行動としてできることが限られています。このため、動物にとっての介護は寄りそうだけだったりします。寄りそう〝だけ〟と言いましたが、本当はそれに勝るものはないかもしれません。

動物にも先天的に障害を持つものや、ケガや病気で後天的に身体が不自由になるものはいます。これらの動物の多くは、なかなか長生きができませんが、仲間がどの程度気にかけてあげているのかは、これからの調査や研究で明らかになることでしょう。

近年の報告では、先天的に脊椎が奇形の野生シャチが発見されました。泳ぎや狩りに支障が出るほど重度な奇形でしたが、かなりの年齢に育っていました。このシャチのそばには、仲間が魚をもってきて口元まで運んであげている毎日の行動が、映像として記録されていました。

追加の処方箋

狩りができない年老いたオオカミは、食べる順番が最後になり、痩せてしまうことがあります。一方で、優秀なリーダーがいる群れでは、リーダーが優先的に老齢個体に食べさせ、彼らが食べ終わるまで若い衆に睨みをきかせることもあります。

大切な人が死にました。

（44歳・女性）

チンパンジー

になります！

おくすり手帳

チンパンジー *Pan troglodytes*

チンパンジーの死因の多くは、自然災害、病気や事故、老衰で、天敵による死亡例はまれ。群内・群間の抗争で受けた大ケガが原因で死亡することもある。

お葬式をする動物をどうぞ！

自然界の動物には、親や自分の子供、家族や友だちなど、突然の死別が人間より高い頻度で訪れます。死因で一番多いのは、暑さや寒さなどの直接的な自然現象、それに伴う飢餓や病気などです。天敵に襲われるという死因は種全体で見ると1番にはなりません。やはり自然の方が驚異なのです。

動物の死の認識に関しては、未解明な部分が多いのが現状です。たとえ自分の子供であっても、死んでしまうと〝お肉の塊〟と認識して食べてしまう動物もいれば、ニホンザル、チンパンジー、イルカなどでは、死後数週間経ってもミイラ化したまま抱いて連れていた個体が確認されています。これは死を認識できないのではなく、むしろ死体にも感情移入していた事例だと考えられます。認知実験をしていたゴリラでは、死後の世界（死生観？）を手話で語った事例もあります。ゴリラも人間同様、死に対する感受性も様々のようです。

チンパンジーでは、大切な子供を失った母親に対して、群れのメンバーが〝お葬式〟を行います。肩を落としてうなだれる母親の前に、静かに一列に並んで、1匹ずつ優しく肩をポンポンと叩いて、顔を近づけて口を尖らせてキスのような仕草をして母親を慰めます。

追加の処方箋

相手の立場や心理を客観的に想像できるかは、知能や認知レベルの高さと関係しています。心が傷ついていることを理解し、それを共感したり、慰めたりできる動物は、人間に近い心を持っている可能性があると言えます。

終活はしたほうがいい？（65歳・女性）

では、処方箋は

ガラパゴスゾウガメ

になります！

おくすり手帳

ガラパゴスゾウガメ *Chelonoidis nigra*

100歳を超えることは珍しくなく、200歳近くまで生きられる可能性は高い。ガラパゴス諸島では島ごとに形態が異なる種に進化している。

100歳まだ道半ば、な動物をどうぞ！

動物は身体能力の衰えを自覚して、死期が近いことを悟っていると考えられます。それでも天敵に弱点を晒さないよう、できるだけ毅然としているものなので、目に見えて老いているのは、かなり無理ができない身体になっているということです。ネコは死期を悟ると家を出て行くと言われますが、これは自分の死体があると仲間（家族）のところに天敵を呼び寄せてしまうという本能のプログラムかもしれません。しかし実際は、多くは〝帰らない〟のではなく〝帰れなくなった〟ものでしょう。死期が近いことを悟ったゾウが群れから離れて向かうとされる「ゾウの墓場」伝説も、単に老いた個体が抜け出せないような沼に毎年ハマってしまうのが原因のようで、意図的にそういうスピリチュアルな場所に向かっているわけではありません。

ガラパゴスゾウガメのような大型のカメは、200歳近くまで生きる長寿動物です。成長すればほぼ天敵がいなくなるので、100年くらいかけてじっくり老後を考える余裕があります。実際には死後の心配などはまったくせず、いつものように寝起きをして、いつものように美味しいエサを食べて、自分でも気がつかないうちに死んでいるという、最も幸せな生き方をしているのかもしれません。

追加の処方箋

巣のなかで葉を苗床に特殊なキノコを栽培するハキリアリの老後はシビアです。年老いた働きアリの仕事が緩慢になってくると、若い働きアリに拉致され、苗床の肥料としてほかのゴミと一緒に捨てられてしまいます。

殺したいほど憎い人がいます。（28歳・女性）

では、処方箋は

チンパンジー

になります！

おくすり手帳

チンパンジー *Pan troglodytes*

　本来は草食動物だが、嗜好の流行や地域文化などで変わった食性を示すことがある。コロブスなど別のサルを狩って食べることも確認されている。

憎しみで殺しをする動物をどうぞ！

動物に〝殺人〟のような行動はあるのでしょうか？　例えば肉食動物は、自分が食べる食料として草食動物を襲って殺します。シカなどの草食動物は、繁殖期になるとライバルのオス同士で激しい決闘をします。しかし、これらは、勝敗のルールがあるスポーツ競技のようなもので、憎い相手を殺すための戦いではありません。どの動物も負けを認めた敗者を執拗に攻撃しないのが共通ルールですが、真剣勝負ゆえ、興奮して角が刺さってしまう事故はつきもので、故意ではない「業務上過失致死」はたびたび起こります。いずれにしても、肉食動物の狩りや草食動物のオス同士の闘争行動は、恨みや憎しみ、妬み、復讐心などからくる殺意とは、目的が異なります。

生息地を人間の開墾で狭められ仲間が殺されたゾウやオオカミが、村を襲撃しに来た事例はたびたび報告されています。ライオンが群れを乗っ取るとき、前のボスの子供を殺す際は憎々しく残忍に殺します。チンパンジーが、まれに群れ同士の激しい抗争で、相手の群れのメンバー全員を殺戮するという事例が確認されています。なかにはメスや幼い子供まで撲殺されている凄惨なものまであるようです。

追加の処方箋

動物に復讐心や憎しみによる殺害があるのかは、調査研究途上の行動ですが、ヒトの戦争という行動は、かなり特異な現象です。憎くもなく、また個々に殺し合うほどの動機がなくても、黙々とひたすら殺し合う行動です。

いじめにあって、生きるのが辛い……。

（14歳・男性）

では、処方箋は

チベットモンキー

になります！

おくすり手帳

チベットモンキー *Macaca thibetana*

中国南部広域の山岳地帯に生息。マカク属では最大種で、毛深く、ニホンザルと同様に地上に座って生活する時間が長いので、尾は短い。

"珍"仲直り動物をどうぞ！

人間と動物ではイジメの質も定義も異なるので、単純に同等には扱えませんが、両者は現象としてはよく似ています。もちろんイジメは人間特有の行動ではなく、おそらくほぼすべての動物にあるでしょう。群れを作らず単独で暮らしているような種でも、密度が高くなるなどの環境変化で、執拗な攻撃行動が増えることがあります。

ニホンザルのような社会性動物を見ると、最上位から最下位までキレイに一直線上に順位が決まっており、簡単にその順位が入れ替わることはなく、しばらく序列の固定が続きます。とはいえ会社や学校の部活と同じで、優位のものが劣位のものを常にイジメているわけではありません。下位個体を仲間はずれにするような追い出し行動などといった陰湿なイジメは、サルでは中順位のメスに見られることが多いようです。これは権力を誇示するようなハラスメントとは少し違うものです。

中国南部に生息するチベットモンキーは、オス同士がギクシャクした関係になると、メスからオスの乳児を奪い取り、その性器をお互いに舐めっこします（ブリッジング行動）。するとあら不思議。一触即発だったオスの関係が一瞬で修復され、絆が深まるのです。

追加の処方箋

動物にも人間にもケンカやイジメはありますが、どちらも仲直りをする手段を持っています。オオカミやゾウ、サルの仲間はケンカが転じ、何かのきっかけで前より絆が深くなることがあります。ケンカするほど仲が良いのかな……？

若返りたい！（58歳・女性）

では、処方箋は

ウーパールーパー

になります！

おくすり手帳

ウーパールーパー（メキシコサンショウウオ）

Ambystoma mexicanum

　メキシコに生息するトラフサンショウウオ科の両生類。飼育下繁殖で増えた個体はペットとして流通しているが、野生種は絶滅寸前種。

いつまでも若い頃の動物をどうぞ！

無生物は時間とともに朽ちていきますが、生物はできるだけ同じ状態を少しでも長く保とうとする性質があります。分裂をしたり、子孫を残したりと、あの手この手で生命体である自身を絶やすことなく保とうとするのです。寿命を延ばすというのも、その有効手段のひとつですが、代謝を繰り返すと劣化したり、繰り返される遺伝子のコピーにエラーが出てきたりすることもあります。こういった老化現象に対して、ユニークな対策をとっている動物もいます。世界の温かい海にいる体長1センチほどのベニクラゲは、死にかけると若返るという特殊な生理メカニズムを持っています。ただ、不老不死ではなく単に若返るだけで、老化は繰り返すので、いずれ死んだり捕食されたりしてしまいます。

ウーパールーパーことメキシコサンショウウオは、若い子供の状態で大人になる道を選んだ生き物です。このような動物を「幼態成熟（ネオテニー）」と言い、彼らは大人になると消失するはずの幼生期のエラを残したまま性成熟するのです。ちなみに再生能力も高く、四肢の欠損の再生はもちろん、脊椎や心臓までも再生可能という、再生医療のカギを握る最先端生物でもあります。

追加の処方箋

ネオテニーは、実は我々人間の進化にも関係しているという説があります。チンパンジーの幼体の体型比率は人間との類似点が多く、顔の色が大人では黒色ですが、幼体では肌色（白色）である点などが根拠です。

死んだらどこに行くのですか？（11歳・女性）

では、処方箋は

ゴリラ

になります！

おくすり手帳

ゴリラ Gorilla

日本でゴリラが見られる動物園は、2022年度で6ヶ所20頭。1990年から半分以下の頭数に激減。今後海外から入れることも難しい。

哲学的動物をどうぞ！

天国や地獄、神様など、宗教的な精神活動は動物にはできません。動物どころか、初期人類でも、このような活動がどの段階からできていたのかは、学術的に議論が盛んに交わされています。例えば絶滅した我々とは別の人類・ネアンデルタールは、死者を屈曲姿勢にして丁寧に埋葬し、さらに献花していた可能性を示す痕跡が見つかっていいます。これらはかなりの精神性がないと行われない行動です。クマやハイエナが食べ残しの獲物をほかの肉食獣に奪われないように土に埋めることがありますが、自分の家族や仲間を埋葬することはありません。大切な人の亡骸が動物に荒らされたり、腐敗して変わったりする姿を見ずに、魂が天国的な所に行けるようにしようとしたのが人間の埋葬の起源でしょう。

米国の大学で動物心理実験を行っていた「ココ」という名のメスのゴリラは、ネコが大好きでした。ある日、ペットとしてココが飼っていたネコが交通事故で亡くなったことを手話で伝えると、その夜、ココは嗚咽するように泣きました。死んだものは、どこに行くのかを尋ねると、なんと「苦痛のない　穴に　さようなら（Comfortable hole bye)」と手話で答えたそうです。

追加の処方箋

民族の歴史のなかで、神の使いの動物とされるものがいる一方で、悪魔の化身や地獄の使いとされた動物も数多くいます。マダガスカルの珍獣アイアイは悪魔の使いとされ、悪魔を恐れた原住民が初期調査に非協力だったと言われています。

もう死にたい……。

（19歳・女性）

処方箋は

ありません

動物は生きることしか考えていない。

動物が自ら命を絶ちたいと思うのは、どういうときでしょうか？　例えば、ミツバチの働きバチの毒針には返しがついており、一度刺すと抜けず、針を刺したまま無理に飛び立とうとすると針に引っ張られて内臓が飛び出してしまいます。命懸けで仲間を守るすごいシステムですが、返しがなければほかの種のハチのように何度でも刺せるので、ミツバチが針を使った攻撃で自分も死ぬとは思っていないはずです。このため、ミツバチの刺す行動は〝死ぬこと〟を目的としたものとは言えないでしょう。ハムスターの仲間のレミングには集団自殺するという都市伝説がありますが、実際にはそのようなことはありません。ネズミのような小動物や、ヤギやヒツジのようなリーダーが存在しない社会構造の草食動物の群れが、パニックになり道を誤って崖や沼などに集団で突っ込むことはありますが、これも事故の一種で、自殺ではありません。ストレスで拒食になった飼い鳥を「自殺」と表現する人もいますが、これも違います。自殺のように見えるものは、もっと合理的・獣医学的に説明できるものばかりで、動物の自殺は現在１例も確認できていません。動物はどんなときでも生きることしか考えていないのです。

追加の処方箋

人間がユニークなのは、辛さや苦痛を回避するために死を選ぶだけでなく、わざわざやらなくてもいい、死の危険がある登山や秘境探検、宇宙飛行などに挑戦することです。動物たちはいかに危険を避けるかで頭いっぱいなのに……。

生き甲斐が見つかりません。（46歳・男性）

おくすり手帳

ヒト *Homo sapiens*

霊長目ヒト科。約20万年前に出現。極地を含めた地球各地および別の天体（月）に進出。生きる目的や意味を求めたがる唯一の動物。

生きるのって難しい？簡単？

近年、動物の生態に関する研究方法や調査技術が格段に進歩したことによって、これまでの動物像が大きく変わってきました。

例えば、国際的な研究の協力体制が確立し、世代を超えた長期縦断的な研究が可能になりました。さらに技術の進歩でカメラが高画質かつ小型化し、バッテリーが長時間対応したことなどは、野生動物のありのままの姿を記録することに大きく貢献したと言えるでしょう。人間のカメラマンの姿を見ると警戒する神経質な動物は、小型無人カメラや動物自身に装着したＧＰＳ付きの小型カメラで、私たちには普段見せない裏の顔をとらえることができるようになりました。

動物たちは、人間のように何でも言語化してとらえてはいないでしょう。しかし、歩きやすい道を歩くだけでも、偶然おいしい食べ物を見つけたときも、雨上がりや夕陽が目に映ったときも、彼らは何かを感じているでしょう。明日、生きているかもわからない野生動物にとって、生きていることだけが〝生き甲斐〟で、生きる目的や自分の存在価値などは何も考えていません。人間という動物は、責任感の強い無責任な動物なのだと思います。

追加の処方箋

イヌ、サル、イルカなどの芸の調教は、エサ欲しさにやっていると思われがちです。確かにそういった側面もありますが、実際には仲間との一連の共同作業の達成感が、彼らのモチベーションになっていることは多いのです。

ライオンの虫歯

野生動物は、なぜ歯を磨かなくても虫歯にならないのでしょう？　哺乳類は、食後に唾液腺から出る分泌液で口腔内のｐＨが一瞬で変わるため、虫歯の原因菌を殺菌する効果があります。よって本来は歯ブラシで歯を磨かなくても、虫歯になることはありません。ところが人間のように食事の回数が多かったり、間食する習慣があったりすると、虫歯菌が死にきらないまま、虫歯菌の〝エサ（糖質）〟を与えてしまうことになります。そのエサを原因菌が食べると、排泄物として酸を出し、歯質を溶かしてしまうのです。

動物園の環境は、良くも悪くも自然とは異なります。動物園の動物たちは、天敵に襲われる危険がなく、天災・異常気象の影響もほとんど受けず、病気や飢餓の心配もありません。皮肉なことに、この安全で退屈であることがストレスになったり、運動不足からくる病気になったり、繁殖に消極的になったりと、まるで人間が抱える現代病のような問題が生じています。虫歯もそのひとつで、まれに治療が必要な動物が出ることがあります。海外の動物園では、ライオンも虫歯になり、大がかりな治療が施されたことがあります。動物園の動物から人間社会も見えてくることがあります。

あとがき

動物こぼれ話1

結局、最強動物って何？

よく、〝弱肉強食〟という言葉が使われることがあります。まるで生物進化の要約のように使われていますが、ダーウィンの進化論では〝適者生存〟とされており、〝弱肉強食〟とは言われていません。つまり多くの人が〝強い者＝適者〟と誤解しているようですが、そんなことはないのです。そもそも動物の強さとは何でしょうか？　やんちゃな人間の子供たちは、動物のスペックや武器が大好きで、どの動物が猛獣王なのか語りたがります。

例えばワニ。「咬む力は現生で最強の3トン！」などいう文句がネット上で流布していますが、骨の強度を考えれば、3トンの圧力では口を閉じるだけで顎が粉砕骨折してしまいます。それどころか、吻の長い動物は、力学的に口先の咬合力は小さくなってしまいます。だからワニは大きな獲物を咬み切ることができず、デスロールという回転で、口に入るサイズになるよう獲物をちぎる行動をとります。そもそも猛獣と呼ばれる動物のなかで、ワニは最も温和な性格で、争いを好みません。なんなら爬虫類では珍しく、子育てまでする愛情深い動物といえます。

例えばシャチ。クジラやホホジロザメまで襲うという、言わずと知れた海のギャングです。ただアザラシを食べるのではなく、あえて怖がらせて獲物で遊んでから食べるという鬼畜ぶり……。それは相手を心理的に怖がらせるアイパッチという巨大な白い目玉模様というトレードマークにも現れています。ですが、アイパッチの下にある本当の眼は、小さくてつぶらな瞳。そして水族館などでひとりぼっちになると、食が細くなったり胃潰瘍になったりする実に繊細な一面もあります。

例えばオオワシ。翼開長（翼の先から先までの長さ）が250センチにもなる巨大な肉食の鳥で、その大きな鋭いクチバシや巨大な鉤爪から、「空のトラ」とも例えられます。ところが大型化した猛禽は狩りが下手で、実は死肉ばかり食べています。なお、猛禽のクチバシは攻撃用ではなく、獲物の羽や毛が喉に詰まらないようにむしるためのもの。さらに鳥類の骨は飛ぶために軽くするために中空になっている一方で、骨粗鬆症で骨折しやすいというデメリットもあります。

このようにシンボリックな猛獣の実像は、実に繊細なものです。そもそも咬合力、握力、脚力、跳躍力など、最高のスペックを持ちながらも、その時々のメンタル一つで力を出し切れない動物ばかりなのです。

というわけで、動物の種として格闘技的な強さのナンバーワンを決めるのはまさにナンセンスですが、動物が最強パワーを出す瞬間は、すべての動物において共通しています。それは、**マッチョなオスではなく、子育て中のメス。**赤ちゃんやヒナが危険にさらされたときの母親の殺気は想像をはるかに超えるもので、大きな猛獣だろうが人間だろうが、命を懸ける覚悟で追い払おうとします。攻撃力というよりは気迫に負けて、敵は退散することになります。また違う目線で真の強者というものを考えれば、親子や仲間との遊びの行動において、強いものが弱いもののレベルに合わせて〝負けてあげる〟、セルフ・ハンディ・キャッピングという行動ができるサルの仲間や食肉目などの動物は、徳が高いように思います。

動物こぼれ話2

人間って動物なの？

人間の定義は、とても難しいものです。生物学的に人間の標準和名は「ヒト」であり、学名は*Homo sapiens*。これはラテン語で「知恵のあるもの」を意味します。知恵とは……という話にもなってきますが、遠からず間違いではないので、これはまぁ良しとしましょう。さらに動物としての分類は、霊長目(Primate)というグループに属します。この分類名は「万物のなかで最も優れたもの」を意味します。人間は生物学的にはサルの仲間ですが、自分たちが属するグループだからと、「霊長」などというおごり高ぶった命名にしてしまったわけです。サルの仲間は、現生哺乳類では比較的起源が古く、種数も多いグループになります。原始的なサル（原猿類）は昆虫食のものもいますが、大半のサル類は様々な植物を食べる草食動物になります。つまり、サル全体の特徴を総評するなら、肉食動物に常に命を狙われてビクビクして怯えているようなグループであり、お世辞にもあらゆる動物たちがひれ伏す〝万物のなかで最も優れたもの〟とは言えないのです。

　また、我々のご自慢の知恵とやらも、宇宙の果てがどうなっているかとか、原子の構造がどうなっているかなど、目に見えないものを理解できる〝知恵のあるもの〟はほんの一部に過ぎません。ただし、ヒトのすごいところは、仕組みやつくり方を解明・理解した発見者や発明者以外でも、教育によってその恩恵を享受できてしまう点にあります。よく〝猿まね〟という言葉が使われますが、動物は見て学んだことを正確に再現したり、受け手が理解するまで修正しながら教えてあげる、いわゆる〝教授〟ができません。このヒトだけが持つ優れた能力によって、知恵のないものでもインストラクションを受けることができ、爆発的に知識を共有したり構築したりすることが可能になったのです。これが、文化と呼ばれるものに置きかわっていきます。ちなみに、知能は脳の大きさと関係していると誤解されがちですが、脳の大きさは体の大きさに比例します。そして脳が最も大きい動物はクジラであり、人間の6倍以上の容量です。ただし、今のところクジラが月に行くようなことはなさそうです。

動物的と言えるヒトの行動でユニークなのは、歌をうたうことです。音声でコミュニケーションを取るという意味では、哺乳類以外でも、複雑な音階や音域を駆使する昆虫や鳥類などのオスがいます。しかし、あれは単純に同性ライバルへの警告や異性へのセクシャルな求婚が目的です。ヒトは、旋律のパートを変えて仲間同士でハーモニーを楽しんで絆を深めたり、仲間や自分自身の心の傷を癒やしたりするのが目的といえます。涙を流しながら歌い、あるいは鑑賞して、心を浄化していくのです。そしてその先には、ヒトにしかない特徴的な感情を表す〝笑顔〟が生まれます。笑いには、他人との険悪な関係を一瞬で修復することができますし、自分自身に〝笑い〟を向けることで、心の重圧を軽くすることもできます。これらは、ヒト以外の動物が獲得できなかった、ユニークで大切な能力となりました。人類から数万年かけて引き継いできた、最高の秘薬になるのです。

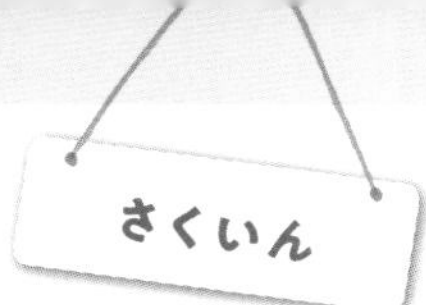
さくいん

新宅広二（しんたくこうじ）
1968年生。専門は動物行動学と教育工学で、大学院修了後、上野動物園に勤務。その後、国内外のフィールドワークや研究を含め400種類以上の野生動物の生態研究や飼育方法を修得。狩猟免許を持つ。大学・専門学校では25年以上教鞭を執る。
監修業では、国内外のネイチャー・ドキュメンタリー映画や科学番組など300作品以上手掛ける他、国内外の動物園・水族館・博物館のプロデュースの実績もある。著書は教科書から図鑑、児童書まで多数。その他、映画やテレビ番組、玩具などの監修・脚本も多数手掛ける。

［制作スタッフ］

ブックデザイン　大塚さやか
絵　きのしたちひろ
校正　柴山淑子
DTP　リリーフ・システムズ、シナノ書籍印刷

編集長　後藤憲司
編集　宮島芙美佳

あなたにゴリラを処方します。
悩みがちょっと軽くなる動物の読み薬

2023年8月1日　初版第1刷発行

著　者　新宅広二
発行人　山口康夫
発　行　株式会社エムディエヌコーポレーション
〒101-0051　東京都千代田区神田神保町一丁目105番地
https://books.MdN.co.jp/
発　売　株式会社インプレス
〒101-0051　東京都千代田区神田神保町一丁目105番地
印刷・製本　シナノ書籍印刷株式会社

Printed in Japan

［カスタマーセンター］
造本には万全を期しておりますが、万一、落丁・乱丁などがございましたら、送料小社負担にてお取り替えいたします。お手数ですが、カスタマーセンターまでご返送ください。

［落丁・乱丁本などのご返送先］
〒101-0051　東京都千代田区神田神保町一丁目105番地
株式会社エムディエヌコーポレーション　カスタマーセンター　TEL：03-4334-2915

［書店・販売店のご注文受付］
株式会社インプレス　受注センター　TEL：048-449-8040 ／ FAX：048-449-8041

［内容に関するお問い合わせ先］
株式会社エムディエヌコーポレーション
カスタマーセンター　メール窓口：info@MdN.co.jp

ISBN978-4-295-20532-6　C0045